Rachel Anne Ridge
Das Glück hat lange Ohren

Über die Autorin

Rachel Anne Ridge entdeckte eines Tages beim Bemalen von Weihnachtsgeschenken ihre Liebe zur Kunst und begann daraufhin mit Wandmalereien spontan eine neue berufliche Laufbahn. Als das kleine Unternehmen expandierte, schloss sich ihr auch Ehemann Tom an. Gemeinsam weiteten sie die Dienstleistung auf Raumgestaltung, Grafikdesign, Leitsysteme und kundenspezifisches Artwork aus. Rachel und Tom haben drei Kinder großgezogen und sich durch Verlust, Fehler und Erfolge hindurchmanövriert. Und sie haben einen streunenden Esel adoptiert, der vor ihrem Haus erschien und nie mehr fortging. Die beiden leben mit mittlerweile zwei Eseln in Texas.

Über ihren Esel

Flash liebt es herumzuschlendern, Karotten zu fressen, sich die langen Ohren kraulen zu lassen und laut zu schreien, wenn man es am wenigsten erwartet. Er ist mit dem Management seiner Scheune und Koppel beschäftigt.

Besuchen Sie Rachel und Flash online auf
www.flashthedonkey.com und Rachels Blog auf
www.homesanctuary.com.

Rachel Anne Ridge

Das Glück hat lange Ohren

Was mich ein heimatloser Esel über das Leben, den Glauben und zweite Chancen lehrte

Eine wahre Geschichte

Aus dem amerikanischen Englisch von Eva Nietzke

Der Verlag weist ausdrücklich darauf hin, dass bei Links im Buch
zum Zeitpunkt der Linksetzung keine illegalen Inhalte auf den verlinkten Seiten
erkennbar waren. Auf die aktuelle und zukünftige Gestaltung, die Inhalte oder
die Urheberschaft der verlinkten Seiten hat der Verlag keinerlei Einfluss.
Deshalb distanziert sich der Verlag hiermit ausdrücklich von allen Inhalten
der verlinkten Seiten, die nach der Linksetzung verändert wurden,
und übernimmt für diese keine Haftung.

Die automatisierte Analyse des Werkes, um daraus Informationen
insbesondere über Muster, Trends und Korrelationen gemäß § 44b UrhG
(„Text und Data Mining") zu gewinnen, ist untersagt.

Die amerikanische Originalausgabe erschien im Verlag Tyndale Momentum
unter dem Titel „Flash – The homeless donkey who taught me about life, faith,
and second chances". Published by arrangement with Tyndale Momentum,
an Imprint of Tyndale House Publishers Inc., Carol Stream, Illinois.
All rights reserved.
© 2015 by Rachel Anne Ridge
© der deutschen Ausgabe 2018 by Gerth Medien in der SCM Verlagsgruppe GmbH,
Max-Eyth-Str. 41 · 71088 Holzgerlingen
gerth.de

Die Bibelzitate wurden, sofern nicht anders angegeben,
folgender Übersetzung entnommen:
Hoffnung für alle®, Copyright © 1983, 1996, 2002, 2015 by Biblica Inc.®.
Verwendet mit freundlicher Genehmigung des Herausgebers Fontis, Basel.
Alle weiteren Rechte weltweit vorbehalten.
Außerdem verwendet wurde:
Elberfelder Bibel 2006, © 2006 R.Brockhaus in der SCM Verlagsgruppe GmbH,
Holzgerlingen (www.brockhaus-verlag.de)

8. Auflage 2026
Bestell-Nr. 817459
ISBN 978-3-95734-459-5

Umschlaggestaltung: Immanuel Grapentin
Satz: Uhl + Massopust, Aalen
Fotos: © Thomas Ridge. All rights reserved
Druck und Verarbeitung: GGP Media GmbH, Pößneck
Printed in Germany

Für Tom, meinen besten Freund.
Und für Lauren, Meghan und Grayson,
meine größten Geschenke.

Inhalt

Vorwort	9
Prolog	13
1. Ein unerwarteter Gast	17
2. Namen und ihre Bedeutung	39
3. Der arktische Wind	61
4. Flash rennt mit Pferden	79
5. Eine Wiesenromanze	97
6. Unterwegs auf guten Pfaden	117
7. Eine Frage des Innern	135
8. Auf dem Trockenen	155
9. Scheunenmanagement	176
10. Veränderung liegt in der Luft	194
11. Beau	209
12. Ein besonderer Esel	228
13. Eine unerwartete Antwort	246

Vorwort

Gute Bücher sind wie gute Freunde. Schwer zu finden. Viele sehen anfangs vielversprechend aus, enttäuschen uns aber am Ende. Selbst wenn ein Buch von einer Person empfohlen wird, der man vertraut, kann man nie sicher sein, dass man das Gleiche mit dem Buch verbinden wird, dass man es am Ende genauso zu schätzen weiß.

Doch manchmal – häufig aus Gründen, die man nicht genau benennen kann – beschließt man, ein Buch zu öffnen und sich selbst diesem Buch zu öffnen. Und hin und wieder geschieht es, dass man überrascht und dankbar ist für die Wärme, die Freude, die Aufregung und den Genuss, den man in diesem Buch findet.

Ich hatte das Privileg, beides zu finden: gute Bücher *und* gute Freunde. Und ich kann es kaum erwarten, Ihnen einige davon vorzustellen.

Rachel trat vor mehr als zehn Jahren in mein Leben und schenkte mir eine dicke, beständige und florierende Freundschaft, die einen besseren Menschen aus mir machte. Nicht nur theoretisch, sondern spürbar und ganz praktisch. Sie lehrte mich, Schönheit, die in der Einfachheit verborgen liegt, zu suchen und zu entdecken und wundervolle Details zu erkennen, die andere Menschen versäumen, weil sie zu beschäftigt oder zu müde oder zu sehr von sich eingenommen sind.

Die kleinen Nuancen des Lebens sind Rachels Schätze. Ich habe beobachtet, wie sie das Alltägliche und die Routine, das Gewöhnliche und Schlichte nimmt und daraus Güte und Schwung herauskristallisiert, bis jedermann in ihrem Umfeld von Hoffnung und Liebe erfüllt ist. Sie restauriert, was andere wegwerfen würden, indem sie es in etwas Lohnendes und Unvergessliches verwandelt. Aus ihrer Sicht verbergen sich in allen Dingen endlos viele Möglichkeiten.

Vor zehn Jahren fuhr sie zu einem heruntergekommenen Farmhaus aus den 70er-Jahren, in dem sie aber das blühende Potenzial eines gemütlichen, liebevollen Heims für ihre Familie sah. Sie liebte das Haus und tat alles, damit es zu diesem Heim wurde.

Jahre später, als ihre zweite Tochter den Mann ihrer Träume traf, verwandelte Rachel ein von Unkraut überwuchertes und vernachlässigtes Stück Land in einen üppigen grünen Teppich, geradezu verschwenderisch von Blattwerk umgeben, um 250 Gäste zu empfangen und einen Gang zum Altar zu schaffen.

Und erst der Empfang! Eine alte, unförmige Scheune verwandelte sie dekorativ in ein Juwel mit Lüstern und eleganten, funkelnden weißen Lichtern, die zum Klang der Musik tanzten wie Pusteblumensamen, die in die abendliche Brise gepustet wurden.

So ist Rachel. Sie bringt überall dort ihre Herzensgüte hervor, wo keine zu sein scheint.

Und als Flash auftauchte – als er über ihre Zufahrt zockelte, verloren, verwirrt, verängstigt und hungrig –, schlenderte er geradewegs in die weit geöffneten Arme von Gnade. In die Arme von Rachel Ridge, die überall und in allem Schönheit sieht. Sogar in einem schmutzigen, hungrigen, ungewollten, obdachlosen Esel.

Und er fand bei ihr ein Zuhause.

Rachel und ihr Mann Tom suchten eine Zeit lang nach Flashs Eigentümer. Nun, wer würde ihnen das vorwerfen? Wer braucht schon einen Esel, den man bürsten und füttern und versorgen muss? Doch die Tage wurden zu Wochen und zu Monaten – und plötzlich waren Jahre vergangen. Flash war zu einem festen Bestandteil ihres Lebens geworden. Und er verwandelte sich von einem ambitionierten Haustierprojekt zu einem wahren Geschenk. Zunächst für Rachel, anschließend für mich und ganz bestimmt auch für Sie als Leser.

Es stimmt wirklich: *Flash ist ein Geschenk.* Ich hätte nie gedacht, dass ich die Art von Frau bin, die mit einem Esel warm werden könnte, doch Flash hat mein Herz erobert – genau wie das Herz meiner drei Söhne, die vom ersten Tag an beschlossen, dass er ihr persönliches Haustier ist. Seine Neigung, ihnen auf dem Fuß zu folgen und sein weiches Maul in ihre Schultern zu bohren, damit er gerieben und gestreichelt wird, gehört zu besonders schönen Momenten, die sie mit ihm verbringen. Flash hält seinen Kopf dann so nahe an ihre Köpfe, dass sie zusammenstoßen. Sie lieben das. Sie lieben ihn. Wenn meine Jungs am Gatter auftauchen und seinen Namen rufen, kommt er sofort begeistert angetrabt. Er hat schon auf sie gewartet, nach ihnen Ausschau gehalten. Und sie haben auf ihn gewartet.

Wie sich herausstellte, haben wir alle auf ihn gewartet, ohne es zu wissen.

Denn Flash brachte Lektionen fürs Leben mit sich. Rachel erzählte mir, wie es ihm immer wieder gelang, durch das einzige Loch in dem Zaun zu entwischen. Oder sie erzählte mir von den Rindern auf den umliegenden Weiden, mit denen er sich angefreundet hatte. Oder von seiner Störrischkeit, wenn er sich weigerte, sich auch nur einen Zentimeter von der Stelle zu bewegen, egal, wie fest man ihn am Halfter zog. Oder über seine Beziehung zu Beau, dem Labrador der Familie, mit dem er sich erst nach einer langen Fehde anfreundete.

Mit jedem neuen Abenteuer bekamen wir eine neue Lektion erteilt; ein neues Juwel, das unser Leben bereicherte. Bilder und Einsichten, die jemand anderer als Rachel, der weniger beobachtend und interessiert ist, leicht hätte übersehen können. Doch Rachel sieht all den Glanz, der in den normalen, einfachen Dingen des Lebens verborgen ist. Sie erfasst Details und gräbt aufmerksam nach der Schönheit im Kleinen. Und sie motiviert andere, dasselbe zu tun.

Was im Übrigen den Kern eines gut geschriebenen Buches ausmacht.

Und genau das halten Sie in Händen.

Wir sind Tom und Rachel so dankbar dafür, dass sie eine Unterbrechung ihres Lebens in eine Chance verwandelt haben – als sie einem streunenden Esel ein neues Zuhause und einen neuen Namen gaben, ja, als sie Flash in ihr Leben aufnahmen. Denn als sie das taten, kam Flash auch in unser Leben.

Und nun lässt Rachel diesen Esel auch in Ihr Leben treten.

Jede Lektion, die Sie auf diesen Seiten finden, wird Sie lächeln lassen und zugleich etwas lehren. Und wenn Sie die letzte Seite dieses Buches umblättern, werden Sie überrascht feststellen, dass sie zwei Dinge in einem gefunden haben: ein gutes Buch über einen Esel namens Flash und in einem einfachen Mädchen vom Lande eine gute Freundin namens Rachel. Und sie werden beide nie wieder so ansehen wie zuvor.

Flashs Fan
Priscilla Shirer

Prolog

Unsere Idee schien solide oder zumindest romantisch zu sein. Mein Mann Tom und ich begannen, in den florierenden ersten Jahren des 21. Jahrhunderts in der Gegend von Dallas-Fort Worth ein kleines Unternehmen für dekorative Kunst und Wandmalerei aufzuziehen. Was sollte dabei schiefgehen? Villen im europäischen Stil schossen überall aus dem Boden, als die Wirtschaft boomte. Ein unstillbarer Durst nach dem Besten in Sachen Ausstattung und Dekor füllte unsere Auftragsbücher Monate im Voraus. All das in einer Zeit, in der für anspruchsvolle Kunden Meisterwerke der Innenausstattung kreiert wurden.

Nicht schlecht für ein Unternehmen, das als mein kleines Hobby begonnen hatte. Ich malte Vogelhäuser an und verkaufte sie in Geschäften bei uns im Ort. „Träume groß" war mein persönliches Motto. Und es war mein Traum gewesen, genug Geld zu verdienen, um mein Haar regelmäßig mit Strähnchen aufhellen zu können, ohne jedes Mal das Familienbudget für Lebensmittel anzugreifen. *Meine Güte, wie schrecklich teuer sind diese Strähnchen!* Das war ungefähr so hochtrabend wie meine früheren Ziele. Ich kümmerte mich zu Hause um unsere drei Kinder und brauchte dieses kreative Ventil verzweifelt, während Tom viele Stunden in der Elektronikfertigung arbeitete.

Als ich Anfragen für größere und anspruchsvollere Malprojekte erhielt, wurde mein Hobby auf einmal mehr, als ich bewältigen konnte. Ich brauchte Hilfe, um es zu schaffen, und mein Mann war genau die richtige Person dafür. Tom liebte es, abends und an den Wochenenden mit mir Kunst zu kreieren, indem er mir seine Talente und seine Muskelkraft zur Verfügung stellte, denn mittlerweile arbeitete ich mit Staffeleien, und schweres Zubehör musste getragen werden. Toms Kreativität war in einer präzise funktionierenden Industrie gefangen, und im Stillen sehnte er sich danach, die Tretmühle seines Unternehmens zu verlassen und etwas mit seinem künstlerischen Talent anzufangen. Und als sein Job im Zuge des konjunkturellen Abschwungs gestrichen werden sollte, schien der perfekte Zeitpunkt gekommen zu sein, unseren Traum gemeinsam zu verwirklichen.

Es konnte nur göttliche Fügung sein, nicht wahr?

Es war der richtige Moment, um ein Abenteuer zu beginnen, auf das wir nicht vorbereitet waren. Wir würden improvisieren müssen.

Wir wollten schöne Dinge kreieren und malen und die Leute glücklich machen. Es war ein einfacher Traum. Und es funktionierte, jedenfalls größtenteils. Doch die konjunkturbedingte Situation des Immobilienmarktes stellte eine größere Herausforderung für uns dar, als wir angenommen hatten. Wir wussten, dass Phasen des Reichtums und Phasen des Mangels die Voraussetzungen für unternehmerischen Triumph sind. Doch das zu tun, was wir liebten, machte jeden Tag zu einem Abenteuer. Wir wachten morgens begeistert auf mit dem Gedanken, Kunst zu schaffen, die von den Leuten geschätzt wurde. Wir hatten unsere drei Kinder und unseren Hund und unseren Traum und wir sagten uns: „Das reicht uns."

Mehrere Jahre lang war unser Leben genau so. Genug. Wir schwelgten in dieser Erfahrung. Doch dann setzten dunkle Vorahnungen ein, bis schließlich die Immobilienblase platzte. Unser Schwelgen wurde zu einem Taumeln.

Es ist eigenartig, wenn sich Erfolg plötzlich in Scheitern verwandelt. Das Leben sieht auf einmal völlig anders aus, wenn die Gedanken ständig um Fragen kreisen wie: Wie sollen wir die Rechnungen bezahlen? Wie können wir die kieferorthopädische Behandlung unserer Kinder bezahlen? Wie kann ich Reis und Bohnen bis zum nächsten Gehalt schmackhaft zubereiten? *Und wäre es wirklich so schlimm, in einem Zelt zu leben?* Ich vergaß, den Himmel und die Wolken und die Art und Weise wahrzunehmen, wie die Sonne auf dem roten Haar meiner Tochter glänzt, und ich begann zu sehen, dass jedes Auto ein glänzend neuer BMW ist und wie gut besucht die teuren Restaurants sind. Zunächst konnte ich es nicht glauben, dass unsere Freunde sorgenfreie Ferien in Mexiko verbrachten, doch da war der Beweis – Fotos auf Facebook, die zeigten, wie sie ihren Wohlstand genossen. Ich vergaß, mit dem Hund nach draußen zu gehen, obwohl es mir sehr gutgetan hätte, mich ein wenig zu bewegen, und ich aß Fastfood, weil es einfach war und weil es so kompliziert zu sein schien, gesundes Gemüse zu schälen und zu schneiden. Leichtfertigkeit und Spontaneität standen nicht mehr auf meinem Programm, nicht etwa, weil ich keine Zeit dafür gehabt hätte, sondern weil das Luxus ist, den sich reiche Leute leisten. Und ich wusste, dass der „kleine Wochenendausflug" bedeutet hätte, dass ich nicht mehr genug Geld für das nächste Projekt haben würde.

Vor allem fragte ich mich, warum Gott uns fallen ließ, obwohl wir nichts anderes wollten, als das zu tun, wofür wir geschaffen sind. Ich spürte Risse in meiner Seele, die früher so unerschütterlich zu sein schien. Ich richtete meine Fragen an den Himmel, doch meine Gebete wurden immer schwächer, da sie offenbar nicht beantwortet und beachtet wurden.

Ich fühlte mich allein.

Scheitern fühlt sich wie ein nasser Wollmantel an einem Sommertag an, der das mit Rüschen besetzte Partykleid des Optimismus unter seinem Gewicht begräbt. Überleben, existieren und funktionieren schien das Beste zu sein, was ich tun konnte. Manchmal ist das sogar alles, was man tun *kann*. Man geht zur Arbeit, stellt das Essen auf den Tisch, hilft den Kindern bei den Hausarbeiten, man lächelt und spornt die Kinder beim Hockeyspiel an und nachts sucht man nach der Hand unter der Bettdecke. Man klammert sich an jeden schönen Moment, den man erleben darf. Doch neben all der Aktivität und Geschäftigkeit wusste ich, dass sich etwas ändern musste, sonst würden wir nicht überleben.

Genau zu diesem Zeitpunkt tauchte bei uns der Esel auf.

1.

Ein unerwarteter Gast

Tom bremste scharf. Er brachte unseren zehn Jahre alten Ford Explorer abrupt auf dem Schotter zum Stehen. Der von den Reifen aufgewirbelte Staub flog an uns vorbei und um die Silhouette des Tieres herum, das vor uns im Scheinwerferlicht stand, ähnlich wie Kunstnebel während einer Bühnenshow.

Es war ein Esel. Mitten auf unserem Zufahrtsweg.

„Was um alles in der Welt…?", murmelte mein Mann, während wir beide durch die Windschutzscheibe auf das Tier mit den riesig langen Ohren starrten. Es hielt im Kauen inne und schien genauso überrascht zu sein wie wir. Nur sechs Meter von unserer Stoßstange entfernt blinzelte es in das grelle Scheinwerferlicht. An den beiden Seiten seines Mauls stand Gras hervor und seine unübersehbar langen Ohren waren nach vorn gerichtet. Wir starrten es an, während es seinen Bissen herunterschluckte und zurückstarrte. Dann schwenkten die Ohren herum, es machte kehrt und lief Richtung Dunkelheit.

Ich drehte mich zu Tom, wobei meine Nylonjacke laut knisterte.

„Hey, das ist ein ... das ist ein ..."

„Esel", beendete er den Satz für mich. Ich schloss meine Augen und öffnete sie rasch wieder, nur um ganz sicherzugehen. Ja, er war noch immer da. Und immer noch ein Esel. „Was um alles in der Welt tut ein Esel hier?"

Tom lehnte sich vor und spähte durch die Dunkelheit auf den plumpen Umriss, der sich nun außerhalb des Scheinwerferlichts ein weiteres Büschel Frühlingsgras schmecken ließ. Tom rieb sich das Kinn und versuchte, die Situation einzuschätzen. Er stellte die Automatikschaltung auf „Parken" und kam zu einem Schluss, bevor ich überhaupt etwas sagen konnte.

„Jemand wird ihn anfahren, wenn wir ihn nicht einfangen", sagte er. Tom war bereits so müde, dass er die Worte kaum herausbekam. Die engen, gewundenen Straßen hier in dieser ländlichen Gegend von Texas, eine dunkle Märznacht, zu schnell fahrende Anwohner und ein herumstreunender Esel ... ein Unfall war quasi vorprogrammiert. Und weder dieser noch das Einfangen eines Esels standen auf unserer Wunschliste am Ende dieses langen und anstrengenden Tages.

„Lass ihn einfach", schlug ich vor. „Ich bin sicher, jemand sucht nach ihm und wird ihn nach Hause bringen." Ich schaute dem streunenden Esel zu, wie er seinen Kopf in ein weiteres Grasbüschel versenkte, das Gras herausriss und vor sich hin kaute. Dann wurde er vom Flutlicht unseres Nachbarn erleuchtet, und ich konnte sehen, dass er arg zerschrammt war. Vielleicht hatte er bereits einen Unfall gehabt. Vermutlich brauchte er unsere Hilfe, aber ich konnte an nichts anderes denken als an eine heiße Dusche und meinen Schlafanzug. Es war schon fast zehn Uhr abends und wir hatten unsere Kinder seit dem Frühstück nicht mehr gesehen. Wir waren erschöpft und wollten diesen schrecklichen Tag einfach nur hinter uns lassen.

Ich musste an den Morgen zurückdenken. Er hatte für Tom und mich im Badezimmer einer Kundin begonnen, die dort auf dem Boden vor der Toilette ihr Mieder und ihren BH hat liegen lassen. Die stramme Shapewear war uns ein peinliches Hindernis, das unsere „glamouröse" Arbeit behinderte, während wir die Wände in eine italienische Landschaft verwandelten und uns in Richtung Toilette vorarbeiteten, um die wir herummalen mussten. Tom benutzte schließlich einen Pinsel, um die Unterwäsche aufzuspießen, hielt sie auf Armlänge von sich entfernt und sah wie ein Gentleman zur Seite, während er sie auf der Badewannenkante ablegte, sodass er das Meisterwerk an der Wand und rund um die Toilette fortsetzen konnte. *Meine Güte, ist das heiß hier. Warum ist der Thermostat so hoch eingestellt? Und warum braucht Unterwäsche eigentlich so viel Spitzenverzierung?*

Der Tag endete unter der Kuppeldecke der Eingangshalle unserer Kundin, wo wir auf Ausziehleitern balancierten und heftig ins Schwitzen kamen, während wir mit unseren Pinseln „nur ein paar zusätzliche Details" anbrachten, um die die Kundin noch bei einer Arbeit gebeten hatte, die wir eigentlich bereits beendet hatten. Eine Forderung, die weit über unsere Vereinbarung hinausging. Und irgendwo zwischen diesen beiden Ereignissen ereilte uns die furchtbare Erkenntnis, dass dieser Auftrag wohl nicht für das Zahlen unserer Miete reichen würde.

Wir lebten zwar unseren Traum, doch er war zum Albtraum geworden.

Tom und ich sprachen nicht viel miteinander, als wir unsere Leitern und Malutensilien einsammelten und nach Hause aufbrachen. Unsere Kinder – die beiden, die noch unter unserem Dach lebten – hatten ohne uns zu Mittag gegessen. Getreideflocken. Wir hofften, dass sie nachmittags ohne unsere Aufsicht irgendetwas Konstruktives getan hatten. Sie hatten mir versichert, dass die Hausaufgaben erledigt würden, während ich sie mehrmals von meinem gefährlichen Platz auf der Leiter angerufen hatte, wobei ich mein Handy vorsichtig aus meiner rechten Hosentasche an mein linkes Ohr geführt hatte, ohne mein Gleichgewicht zu gefährden. Doch wie alle berufstätigen Eltern konnte ich nicht sicher sein, dass es stimmte, bevor ich nicht nach Hause kam und es mit eigenen Augen sah.

Grayson, unser zwölfjähriger Sohn, ließ sich leicht von einem kniffligen Lego-Projekt oder einem Modellflugzeug ablenken, zwei seiner Hobbys neben dem Eishockey. Meghan, die bereits die Oberstufe der Highschool besuchte, konnte einen ganzen Abend damit verbringen zu telefonieren, Musik für ihre Band zu schreiben oder ihr Outfit für den nächsten Tag herauszusuchen. Und unsere älteste Tochter Lauren war Erstsemesterstudentin für Grafikdesign an einer nahe gelegenen Universität und plante bereits ihre eigene Hochzeit mit ihrem Freund aus Highschool-Tagen. Zwischen den Aktivitäten unserer Kinder und unserer Arbeit vergingen die Tage meistens wie ein sich drehender Kreisel. Ich konnte nicht verhindern, dass mir ein Seufzer entfuhr.

Ich presste meine Stirn an die kalte Scheibe des Beifahrerfensters im Wagen und ließ mich von der Müdigkeit übermannen. So hatte ich mir unser Abenteuer, das Verwirklichen unseres Traums, keineswegs vorgestellt. Wir waren an einer Stelle angelangt, von der weder Motivationsbücher noch Seminare etwas hatten verlauten lassen. Nämlich dort, wo man inmitten des Auslebens seiner Leidenschaft immer noch Geld für Essen und Miete braucht. Hinzu kamen die Kosten für den Kieferorthopäden und die Schulgebühren. Mit der Wirklichkeit des Lebens konfrontiert zu sein, kann einem das eigene Träumen gründlich vermiesen.

Während unserer Fahrt über die mit Schlaglöchern gespickten Straßen hatten Tom und ich uns in unsere jeweils eigene Welt stummer Niederlage und gegenseitiger Vorwürfe zurückgezogen. Wir brauchten beide eine heiße Dusche und eine anständige Mütze voll Schlaf, um am nächsten Morgen einigermaßen objektiv über unsere Situation nachdenken zu können. Doch als wir den Wagen auf unseren Zufahrtsweg lenkten, um die letzte staubige Viertelmeile nach Hause zurückzulegen, stand dort im Licht der Scheinwerfer jener Esel.

Wir sahen ihn noch einige Minuten an, dann schaltete Tom den Motor ab und öffnete die Fahrertür. „Es wird nicht lange dauern, Rachel", rief er mir über die Schulter zurück zu. „Bleib einfach sitzen und wirf ein Auge auf ihn. Ich komme gleich mit einem Seil zurück, um ihn einzufangen. Wir werden ihn heute Nacht auf unsere Koppel lassen und morgen nach seinen Besitzern suchen. Ich will nicht dafür verantwortlich sein, dass jemand verletzt wird, wenn er angefahren wird."

Gehorsam blieb ich sitzen und beobachtete, wie der Esel gefräßig seine Grasmahlzeit fortsetzte. *Was für ein unnützes Tier*, dachte ich, *aber irgendwie süß*. Wie versprochen kam Tom schon bald mit einem Nylonseil zurück – und mit einem Eimer. Der Esel, obgleich argwöhnisch gegenüber diesem fremden Menschen, zeigte sofort Interesse am Inhalt des Eimers, den Tom so verlockend hin- und herschwenkte, und er kam näher, um ihn zu inspizieren. Bingo!

In dem Moment dachten wir etwas vermessen, „dass das einfach werden würde".

Ein klassischer Anfängerfehler.

Einen streunenden Esel für Hafer zu interessieren, ist einfach. Ihm ein Seil umzuschlingen und ihn dazu zu bewegen, einem zu folgen, ist... etwas ganz anderes. Dennoch: Tom als robuster Naturbursche mit einer Schwäche für alles, was Hilfe benötigt, schien der Aufgabe trotz seines langen Arbeitstages gewachsen zu sein.

Vorsichtig näherte er sich dem nervösen Esel und schlang das Seil behutsam über dessen riesigen Kopf und Hals. Beruhigend redete er auf ihn ein und hielt den Daumen in die Höhe, als der Esel die ersten zögerlichen Schritte unternahm. *Sieh an, es würde wirklich einfach sein!*

„Bravo!", rief ich mit erheitertem Gesicht und hielt meine Daumen demonstrativ in die Höhe. Doch plötzlich stoppten die kleinen Hufe und gruben sich in die Erde. Der kleine Kerl lehnte sich zurück und weigerte sich, auch nur einen weiteren Schritt zu machen.

Tom redete ihm gut zu und zog sanft am Seil. Der Esel scheute.

Tom gab ihm Haferhäppchen. Der Esel ging zwei Schritte weiter... *yes*! Dann fünf Schritte zur Seite... *no*! Tom zog. Doch der Esel zog heftiger in die andere Richtung. Offensichtlich funktionierte das nicht so, wie Tom gehofft hatte.

Tom forderte mich auf mitzuhelfen. Er gab mir das Seil und stellte sich hinter den Esel. Mit einem tiefen Atemzug wollte er ihn anschieben. Ich zog.

Nichts.

Tom presste seine Schulter an das Hinterteil des Tieres, stützte seine Füße ab und stemmte sich mit seinen Beinen gegen den Esel, während ich noch fester am Seil zog.

Doch der Esel bewegte sich keinen Zentimeter.

Wir stemmten unsere Hände in die Hüften und fingen an, eine Strategie zu entwerfen. Tom hatte eine glänzende Idee. „Lass uns die Plätze tauschen", schlug er vor, aber ich hatte meine Zweifel.

„Ich hoffe, dass er keinen fahren lässt!", sagte ich. Ich stellte mich also hinter den Esel und platzierte meine Turnschuhe so weit wie möglich von seinem Hinterteil entfernt, um etwaigen Stößen oder Furzen ausweichen zu können, während Tom das Seil am Kopf des Esels ergriff. Noch immer kein Vorankommen. Der Esel rührte sich nicht von der Stelle. Er sah uns einfach nur an durch seine schweren Lider, so als wollte er sagen: „Macht weiter. Es ist sehr unterhaltsam." Und er kaute den Hafer, als hätte er alle Zeit der Welt.

Zu unserer Verzweiflung führte all das Zureden, Ziehen, Schieben, Locken und Antreiben nur dazu, dass der Esel schließlich weiter von unserem Gatter entfernt war als zu Beginn.

Mittlerweile war es auch windig geworden, und die Zweige der Bäume schwankten in einem gespenstischen Tanz hin und her, der unseren langohrigen Eindringling wohl verängstigte. Er rannte plötzlich auf einen nahe gelegenen Garten zu und zog Tom mit sich, der neben ihm herrannte und sich verzweifelt an dem Seil festhielt. Eine Nachbarin kam im Bademantel heraus, um zu sehen, was da los war, und wir beide standen mit dem Rücken zum Wind und betrachteten das Katz-und-Maus-Spiel. Drei Schritte vor, zwei Schritte zurück. Ein Schritt vor, drei Schritte zur Seite. Liebkosend, schiebend, flehend, jagend. Du liebe Zeit, es war schwer, nicht zu lachen. Doch als ich sah, wie Tom seine Baseballkappe vom Kopf riss und voller Frust auf den Boden warf, unterdrückte ich mein Kichern. Sein kleiner Akt der Barmherzigkeit war zu einem Kampf zweier gegensätzlicher

Willen geworden. Ich ging zu unserem Wagen zurück, holte einen Müsliriegel aus meiner Tasche und machte mich bereit, mir die Fortsetzung des Spektakels anzusehen.

Ich beobachtete, wie die beiden langsam den Asphaltweg entlanggingen und zu unserer langen Zufahrt zurückkehrten. Eine Gartenlampe beleuchtete ihre Körper von hinten, sodass sie wie dunkle Silhouetten aussahen, und ich musste laut lachen. Ich sah Toms dunkle Gestalt, die mit aller Kraft an dem Seil zog, bis sein Körper fast parallel zum Boden war. Und dann war da die dunkle Silhouette des Esels, dessen Vorderhufe sich sperrten, dessen Nacken nach vorn gezogen wurde und der trotzig mit dem Hinterteil die Erde berührte. Es sah wirklich aus wie auf einer alten Samtmalerei, die ich einmal gesehen hatte und die einen Jungen und einen störrischen Esel in genau derselben Pose abgebildet hatte. Hätte ich doch nur dieses Bild für diesen besonderen Augenblick gekauft!

Tom fand schließlich einen Rhythmus, der den Esel zum Kooperieren brachte, und beide bewegten sich die Auffahrt hinunter, die an einem Teich vorbei und durch einen Tunnel aus sich wiegenden Bäumen führte. Tom hatte einen Arm um den Nacken des Esels gelegt und sprach leise in eines der riesigen Ohren, wobei er sich gegen den Esel lehnte und ein Knie unter ihm hervorzog.

Als der Esel versuchte, sein Gleichgewicht zu halten, nutzte Tom seinen Vorteil und zog ihn ein paar weitere Schritte nach vorn. Stoßweise erreichte das Duo schließlich so die Koppel und Tom schloss das Gatter hinter dem spindeldürren Tier – ganze drei Stunden später!

„Geschafft!", rief er. „Ich kann es kaum erwarten, ihn morgen wieder los zu sein. Das war eine der schlimmsten Erfahrungen meines Lebens! Morgen früh werden wir als Erstes den Sheriff benachrichtigen."

• • •

Am nächsten Morgen standen Tom und ich zusammen mit Meghan und Grayson auf der Koppelweide, um unseren unwillkommenen Gast im Tageslicht zu begutachten.

Er sah katastrophal aus!

Schlamm- und Schorfkrusten hatten sein zotteliges Winterfell in einen hässlichen, verfilzten Mantel verwandelt. Überall, vom Kopf bis zu den Hufen, waren frische Schnittwunden von Stacheldrahtzäunen zu sehen, sie nässten und bluteten. Kratzer zogen sich über seinen Kopf und seine Beine und eine etwa ein Zentimeter tiefe Wunde hatte sich in seine breite Brust gegraben. Diese Wunden mussten sofort versorgt werden, also reinigten wir sie und bestrichen sie mit Heilsalbe, während der Esel in unserer dreieckigen Scheune zitterte. Zwar sah es so aus, als würde er begreifen, dass wir ihm helfen wollten, doch er ließ nur kurze Berührungen zu, ehe er ihnen ungebärdig auswich. Sein Maul zitterte und sein Schwanz zuckte nervös hin und her. Wir bewegten uns ganz langsam wie in Zeitlupe und sprachen leise und beruhigend, während wir an ihm arbeiteten.

„Es ist in Ordnung, Esel. Alles ist gut", versuchten wir ihn zu beruhigen. Was war ihm bloß zugestoßen, bevor er plötzlich hier auftauchte? Und wir fingen an, über seine Vergangenheit zu spekulieren.

Unter dem Schmutz befand sich helles, braungraues Fell mit einem weißen Maul, das so aussah, als sei es in einen Eimer Buttermilch getaucht worden. Ein dazu passendes Cremeweiß umrundete seine großen, braunen Augen und bedeckte seinen Unterleib. Die robusten Beine waren mit blassen Streifen verziert und das ganze Tier war nicht größer als 1,20 Meter. Eine dünne Mähne fiel über den breiten Hals, und sein Schwanz war – anders als bei einem Pferd – ein quastenartiges Gebilde aus Muskeln und Knochen mit langen Strähnen borstiger Haare, die auf halbem Weg nach unten fielen. Ein langer, dunkler Streifen unterhalb der Mitte seines Rückens zog sich von der Mähne bis zum Schwanz. Aus nächster Nähe waren seine Ohren nun noch länger, als ich sie vom Vorabend in Erinnerung hatte. Sie waren dick und beweglich und blieben nie lange in derselben Richtung stehen. Der karamellfarbene Flaum, der sie bedeckte, wurde an den Ecken von schwarzen Haaren und innen von einem Cremeweiß umrahmt. Seine glatten, schwarzen Augenlider gaben ihm irgendwie ein trauriges Aussehen, was aber möglicherweise daran lag, dass sein großer Kopf auf eine Weise herabhing, die ihm einen melancholischen Ausdruck verlieh.

„Oh, schaut mal!" Grayson zeigte von seinem Hochsitz auf dem Zaun aus mit dem Finger auf den Esel. „Er hat ein Kreuz auf dem Rücken!" Ein schokoladenbraunes Muster aus Haaren schmückte seine Schulter und überkreuzte klar sichtbar den dunklen Aalstrich auf seinem Rücken. Der Legende nach trägt jeder Esel an seinem Körper dieses Schulterkreuz als ein Symbol Christi zu Ehren dessen triumphalen Einmarsches in Jerusalem vor der Kreuzigung. Als wir nun zum ersten Mal diesen Esel aus der Nähe sahen, mussten wir unweigerlich an die biblische Geschichte denken. Unsere Augen verweilten auf dem Schulterkreuz und glitten anschließend über seine zahlreichen Wunden. Er war ziemlich übel zugerichtet.

Tom legte seinen Arm um Graysons Schultern, als wir durch das hohe Gras zum Haus zurückgingen, während Meghan in der Scheune blieb, um dem Esel noch etwas Gesellschaft zu leisten. Meghan war schon als Kleinkind verrückt nach Tieren gewesen und hatte einst sogar behauptet, mit ihnen reden zu können. Obwohl der Esel nun wesentlich größer war als die Hamster und Sittiche, mit denen sie zuvor kommuniziert hatte, schien er doch eine Freundin gut gebrauchen zu können.

Meghan saß auf einer Holzstufe in der Scheune nah bei dem scheuen Esel, das Kinn in die Hand gestützt, und hörte dem Gesang der Vögel in den Dachsparren zu, während sie den Esel beobachtete. Der Esel sah sie mit argwöhnischen Augen an und hielt Abstand, blieb jedoch in der Scheune, statt auf die Weide zu laufen. Nachdem ein paar Minuten vergangen waren, machte er einen zögerlichen Schritt auf das schlanke, rothaarige Mädchen zu. Dann blieb er stehen, so als müsste er nachdenken.

Dann noch einen Schritt. Ein bisschen näher.

„Alles in Ordnung, Kumpel", murmelte Meghan. Sie drehte als stillen Wink eine Handfläche nach oben.

Noch ein Schritt.

Eine lange Minute verstrich. Zuckende lange Ohren. Heftiges Schnauben. Die zwitschernden Vögel nahmen nichts von dem langsamen Tanz unter sich wahr.

„Ich tu dir nicht weh."

Näher.

„Du bist in Sicherheit."

Noch ein wenig näher... bis die zaghaft tastenden Nüstern ihre Knie berührten.

„Alles in Ordnung."

Er schnupperte ihren Geruch und hielt wieder inne. Seine langen Ohren richteten sich auf. Der Schwanz verscheuchte die Fliegen. Schließlich schloss der Esel die Augen, tat einen letzten Schritt und ließ seinen riesigen Kopf mit einem tiefen Schnauben in ihren Schoß sinken. Meghans Hand strich sanft über sein Gesicht und seine Ohren. Sie tätschelte seinen Hals und flüsterte ihm Dinge ins Ohr. Seine Unterlippe sank schlaff herab, als er sich zum ersten Mal seit seiner Ankunft entspannte. Der Esel und Meghan verweilten lange in dieser Position. Der Kopf des Esels lag auf ihren Beinen, während sie ihn streichelte und seine verfilzte Mähne sanft entwirrte.

Ich war in der Küche, als Meghan durch die Tür stürmte. „Oh Mama! Er ist so *süß!*", rief sie, bevor sie mir die Momente in der Scheune beschrieb. Sie endete mit der atemlos hervorgebrachten Frage: „Können wir ihn behalten? Bitte!"

Ich rieb meine Hände an einem Handtuch trocken und sah in ihr bittendes Gesicht. *Okay. Ich hätte wissen müssen, dass das kommen würde. Süß oder nicht, wir wissen, dass er irgendjemandem gehört. Sicherlich. Ich meine, wer würde schon einen Esel aussetzen? Seine Besitzer müssen nach ihm suchen.*

„Meggie, du darfst dein Herz nicht zu sehr an ihn hängen. Du weißt, dass er nicht lange hierbleiben wird." Ich strich über ihre vor Enttäuschung gerunzelte Stirn und fuhr fort: „Er wird uns verlassen, sobald wir herausgefunden haben, wo er hingehört. Und ich will nicht, dass er dir dann das Herz bricht."

„Aber wenn er niemandem gehört und sich niemand meldet?", fragte sie. „Können wir ihn dann behalten?"

„Schatz, ich glaube nicht, dass wir für einen Esel geeignet sind. Wir haben keine Ahnung von Eseln. Und wir haben ganz sicher keine Verwendung für einen. Und übrigens überstürzt du die

Dinge. Wir müssen tun, was wir können, um sein Zuhause zu finden, bevor wir irgendwelche Pläne schmieden können." Doch insgeheim hatte ich mir schon die gleiche Frage wie Meghan gestellt.

Im selben Moment hörten wir Lärm von draußen. Wir eilten hinaus, um zu sehen, was los war. Unser Labrador Retriever, Beau, wackelte mit dem ganzen Körper und bellte und winselte vor Aufregung. Ein neuer Freund! Er konnte seine Freude kaum zähmen. Der Esel, der die Scheune verlassen hatte und auf unser Haus zuschritt, sah überrascht hoch.

„Beau will ihn unbedingt begrüßen", sagte Grayson, der um die Ecke kam und versuchte, Beau am Halsband zu fassen, um ihn etwas zu beruhigen. Doch der fast fünfzig Kilo schwere Hund hatte bereits seinen mächtigen Körper unter dem Gatter hindurchgeschoben und lief über die Weide auf den Esel zu, der vor Schreck wie gelähmt war. Beaus kräftiger Schwanz wedelte heftig, während er sich dem Esel mit schamloser Neugier näherte und ihn willkommen hieß.

Eine Sekunde lang hielt der Esel still, dann wirbelte er wie der Blitz herum und trat mit seinem linken Hinterhuf zu. Beau jaulte vor Schreck laut auf und schlitterte auf seinem Po nach hinten. Der Esel drehte sich um und senkte den Kopf, schwer atmend, während Beau aufstand und winselte. Die beiden umkreisten sich mit halb geschlossenen Augen. Der Esel mit flach angelegten Ohren, gesenktem Kopf und geweiteten Nüstern. Unser Hund mit nach vorn gelegten Ohren, gesträubtem Fell und zuckender Nase. Der Huftritt hatte Beaus Brust verfehlt, doch die Botschaft war klar: *Bleib mir vom Leib.* Zurückgewiesen kam unser Hund schließlich zum Gatter zurück und sah mit eingezogenem Schwanz über die Schulter nach dem Esel zurück. In seinen Augen sah man Verwirrung. Armer Beau! Er war nie zuvor in seinem Leben so deutlich abgelehnt worden!

„Beau muss lernen, es langsamer angehen zu lassen", sagte ich, während wir ihn kraulten, um ihn zu trösten. Ich sah zum Esel, der noch immer heftig atmete und nervös war. „Beau hat den armen Kerl mit seiner Energie beinahe zu Tode erschreckt!" Das war einfach zu viel für ihn und sicher auch viel zu früh gewesen.

• • •

Nun wurden wir aktiv. Wir stellten Schilder auf, nahmen zu den Behörden Kontakt auf und wandten uns an die örtlichen Tierfutterverkaufsstellen. Wir suchten überall nach den Besitzern des Esels. Doch niemand schien einen Esel zu vermissen. Man hätte meinen können, er wäre vom Himmel gefallen – auf unseren Grund und Boden. Hervorgezaubert wie ein Kaninchen aus dem Hut.

Als der Bezirkssheriff bei uns vorbeischaute, erfuhren wir, dass unsere Situation keine Ausnahme war: Manche Leute setzen ihren Esel einfach an einer Landstraße aus, wenn sie sich nicht mehr um ihn kümmern wollen. Ein Esel kann dreißig bis vierzig Jahre alt werden! Dürreperioden bringen stets eine Anzahl streunender Tiere mit sich und wir befanden uns gerade in einer solchen. Viele Leute können es sich einfach nicht leisten, diese putzigen, jedoch viel Gras konsumierenden Tiere zu behalten, die mit Rindern um Grasland konkurrieren. Sie setzen dann die Esel einfach aus, ohne viel Aufhebens darum zu machen.

„Ja, Neues nutzt sich schnell ab", erklärte der Sheriff. „Wir erleben hier viele solcher traurigen Geschichten." Er rückte seinen breitkrempigen Hut gerade und betrachtete den Esel. „Nun, dieser Kerl hier ist noch jung. Er ist noch kein ausgewachsener Hengst, wenn Sie wissen, was ich meine." Er räusperte sich, während wir die Bedeutung von „ausgewachsener Hengst" verdauten und unter den flachen Bauch des Esels spähten, um nachzusehen, was der Sheriff meinte. *Ah, ja.*

Der dicke Schnäuzer des Ordnungshüters zuckte, als er fortfuhr: „Es ist typisch, dass es sich um einen Hengst handelt, denn Eselstuten werden weniger häufig ausgesetzt. Sie eignen sich besser dafür, Kojoten von Kühen und Gänsen fernzuhalten, aber ein Hengst – nun, bei einer Auktion bekommt man noch nicht einmal fünf Dollar dafür. Niemand will sie haben. Im Grunde sind es nutzlose Tiere."

„Aber was passiert mit ihnen, wenn bei der Auktion niemand zugreift?", fragte ich, obwohl ich die Antwort gar nicht hören wollte.

Er machte eine kleine Pause. „Dann versuchen wir, eine Tierschutzorganisation zu finden, die sie aufnimmt. Es gibt einige hier in der Gegend, die einen guten Ruf haben. Sie sind uns eine große Hilfe. Das Problem ist nur, dass sie zurzeit überfüllt sind, und es ist schwierig, einen neuen Streuner unterzubringen. Lassen Sie uns lieber nicht darüber nachdenken, was dann mit ihnen geschieht. Aber Tatsache ist, dass der Staat es sich nicht leisten kann, sie bis auf unbestimmte Zeit durchzufüttern."

Die langen Ohren des Esels waren in unsere Richtung aufgestellt, so als ob er das Gespräch über sein Schicksal verfolgen würde.

Erschrocken von dem Geschilderten sah ich Tom Hilfe suchend an und schlug vor: „Wie wäre es, wenn wir ihn hierbehalten, bis seine Besitzer den Sheriff kontaktieren?" Tom nickte zustimmend und der Sheriff strahlte.

„Klingt wunderbar. Wirklich wunderbar. Denn ich habe da noch drei andere Hengste in meiner Obhut..." Er verstummte und hob sichtlich fragend die Augenbrauen.

Daraufhin bedankte sich Tom flugs für seine Zeit und sagte, dass wir uns auf seinen Anruf freuten. Wir verabschiedeten uns voneinander, ehe die ganze Rettungsaktion für uns völlig aus dem Ruder zu laufen drohte.

• • •

Die Wochen vergingen und Lauren, unser ältester Rotschopf, kehrte vom College nach Hause zurück, um weitere Vorbereitungen für ihre Hochzeit mit Robert zu treffen. Das Ereignis würde in wenigen Monaten stattfinden und es gab noch einiges zu tun. Zu fünft fühlten wir uns wieder komplett, unsere kleine Familie, die sich gerade in einem rasant fließenden Flow von Arbeitsaufträgen und Anziehproben befand. Irgendwie schrammten wir an dem finanziellen Desaster vorbei, das sich noch in jener Nacht, als der Esel bei uns auftauchte, am Horizont abgezeichnet hatte. Es gelang uns, Dinge zu verhandeln, zu tauschen und die Hochzeitsvorbereitungen nach dem Motto *„do it yourself"* zu bewältigen. Damit waren unsere Probleme längst nicht gelöst, wir taten einfach nur unser Bestes, um sie zu verdrängen. Zumindest für den Augenblick.

Eine warme Windstille herrschte draußen, als wir uns am Gatter versammelten, um den verwundeten und offenbar wertlosen Streuner zu betrachten, der sich bis zu dieser rettenden Koppel durchgekämpft hatte. Seine Wunden waren noch nicht ganz verheilt, aber er sah erstaunlich gut erholt aus, trotz der beiden bleibenden Narben auf seinem Maul. Sein Bauch schien sich zu füllen und sein Fell fühlte sich ohne all die Krusten richtig weich an.

Bis jetzt hatte es noch keinerlei Reaktion auf unsere Suche nach dem Besitzer gegeben. Wir wussten, wir mussten bald eine Entscheidung treffen. Entweder konnten wir den Esel der Bezirksverwaltung und einer ungewissen Zukunft überlassen, oder aber wir boten ihm ein Zuhause bei uns, zumindest für den Augenblick. Die drei Kinder und ich begannen eine regelrechte Kampagne, um ihn zu behalten.

„Schaut nur, wie süß er ist", riefen wir. Er knabberte anmutig an den grünen Grashalmen und verscheuchte Fliegen mit seinem lustigen quastenartigen Schwanz. Er sah so harmlos aus. Fast bezaubernd.

Tom war da anderer Ansicht und er schien Beau auf seiner Seite zu haben. „Ich habe seine dunkle Seite kennengelernt", erwiderte er in Erinnerung an den ersten Abend. „Er lässt sich nicht führen, er ist störrisch und offensichtlich nicht gerade intelligent. Und Beau hasst ihn, nicht wahr, Beau?" Bei diesen Worten sah der Esel auf und gab ein Schnauben von sich. Er schüttelte seine langen Ohren, sodass sie zusammenschlugen, als würde er klatschen und sagen: „Ich habe alles gehört."

Beau bellte als Erwiderung. Man konnte nicht wirklich sagen, dass er den Esel nach jener ersten Begegnung *hasste*. Der Esel hingegen schien *ihn* zu hassen. Die beiden waren sich kein bisschen nähergekommen und schienen in einer Art Pattsituation festzustecken. Aber ich war zuversichtlich. *Niemand* konnte allen Ernstes einen guten Labrador Retriever hassen. Und wer konnte schon einem so liebenswerten Esel widerstehen? Ich war sicher, es war nur eine Frage der Zeit. Vielleicht würde Beau lernen, weniger extrovertiert zu sein, und dem Esel eine Chance geben, über die Zähne und den Schwanz hinaus das warme Herz zu sehen, das nur ein wenig übereifrig war. Ihre Beziehung würde einige Mühe erfordern.

Die Kinder setzten ihre Werbekampagne fort. „Papa, wir haben ‚Eselpflege' als Suchbegriff in Google eingegeben und haben festgestellt, dass Esel sehr pflegeleicht sind. Sie brauchen kein teures Futter, sie benötigen keine besondere Fürsorge. Alles, was sie brauchen, ist ein Unterstand bei schlechtem Wetter. Und den haben wir." Sie wiesen auf unsere Scheune, die bisher nur als Speicher diente.

„Nun ja, ich bin mir ziemlich sicher, dass es nicht so einfach ist. Es ist nie einfach. Wir sollten noch ein bisschen länger nach dem Besitzer suchen. Schließlich können wir einen weiteren Esser nicht brauchen", warf er ein, wobei er an unseren prekären Kontostand dachte. „Denkt nur an die Kosten für den Tierarzt und das Heu. Ich meine, seht ihn euch an. Er wird eine Menge Futter brauchen." Anschließend führte er das Argument an, das alle Eltern irgendwann einmal gegenüber ihren Kinder hervorholen: „Ihr denkt nie daran, den Hund zu füttern, wie viel weniger werdet ihr euch um den Esel kümmern. *Ich* werde mich sicher nicht um ihn kümmern. Wir werden ihn nicht behalten, Punkt."

Tom hatte recht, die Kinder dachten nie daran, Beau zu füttern – dagegen konnten sie nichts sagen. Natürlich erklärten sie daraufhin nachdrücklich, dass dies eine völlig andere Sache sei. Trotz seiner harten Worte hatte ich beobachtet, wie Tom versucht hatte, sich mit dem verwahrlosten Esel anzufreunden. Jedenfalls dann, wenn er glaubte, dass niemand zusah. Tag für Tag saß er lange auf einem Campingstuhl mitten auf der Weide. Er nahm ein Buch mit, um zu lesen, oder er beobachtete die Vögel oder sah auf einen imaginären Punkt in der Ferne, in der Hoffnung, dass der Esel sich in seiner Gegenwart wohlfühlen würde. Als ob Tom instinktiv spürte (im Gegensatz zu Beau), dass er den ersten Schritt dem Esel überlassen musste.

Zuerst hatte der Esel dem Mann auf dem Stuhl seinen Raum gelassen und außerhalb seiner Reichweite gegrast. Er scheute vor jeder plötzlichen Bewegung seiner Arme zurück. Ab und zu aber, während er unablässig kaute, sah er zu Tom hinüber, beobachtete ihn und schien das Für und Wider abzuwägen.

Ob der Esel wohl früher misshandelt worden war? Wenn er es uns doch nur erzählen könnte. Ich nahm wahr, dass der Widerstand des Esels gegenüber unseren Bemühungen in einer gewissen Angst verwurzelt war. Der Gedanke, dass jemand ein so goldiges Tier verletzt haben könnte, brach mir das Herz.

Mit der Zeit wurde der vom Esel selbst gewählte Abstand rund um Toms Stuhl immer kleiner. Er kam langsam näher. Eines Nachmittags, als Tom ein Buch las, hörte er das Gras hinter sich rascheln. Dann spürte er eine Nase an seiner Schulter, den Atem in seinem Nacken und schließlich die Lippen, die sanft an seinem Kragen knabberten.

„Hey, Eselchen." Toms Stimme war sanft und ruhig. „Guter Junge. Du bist ein guter Junge."

Vorsichtig hob er die Hand und umfasste den Kopf des Esels. Die Mauer begann zu bröckeln.

Der Esel war mutig genug geworden, sich für eine Karotte und eine Streicheleinheit zu nähern, doch er machte noch immer einen so verwundbaren Eindruck. Und bildete ich es mir ein oder glomm da etwa Hoffnung in seinen sanften, braunen Augen auf? Vielleicht war es aber auch einfach nur mein Wunschdenken.

„Was denken eigentlich die Nachbarn über sein lautes Schreien?", fragte Lauren, während sie einen Zweig von einem Baum neben dem Zaun abbrach. „Ich habe es neulich von ganz weit weg an der Straße gehört. Es hörte sich an, als ob jemand abgemurkst würde."

Wie aufs Stichwort hob der Esel den Kopf und begann, sich zu strecken. Seine Lippen zogen sich zurück, die seine Kauleiste entblößten, und dann stieß er den für Esel typischen Schrei mit der Gewalt eines Nebelhorns aus: *Iah, iah.* Vermutlich wird das Schreien als störend empfunden, wenn man nicht daran gewöhnt ist. Ich jedenfalls liebte es, denn es erinnerte mich an meine Zeit als Missionarskind in Mexiko. Wir lebten während meiner Kinder- und Jugendzeit mit Unterbrechungen in Mexiko, wo es überall Esel gab, die Lasten trugen, Karren zogen und für die Touristen mit ihren bunten, mit Fransen besetzten Halftern posierten. Ich fand sie wunderschön und versuchte immer, ihr *Iah, iah* nachzuahmen, wenn wir an ihnen vorbeifuhren. Ich streckte oft meinen Kopf aus unserem geöffneten Wagenfenster und ahmte ihre Laute nach, um mit ihnen Kontakt aufzunehmen, was sie jedoch keineswegs zu beeindrucken schien. Ich versuchte es trotzdem immer wieder.

Als der Esel nun weiterschrie, wogen wir die Argumente für und gegen sein Dableiben ab.

„Wir würden wahrscheinlich nicht auf ihm reiten, wie wir es mit einem richtigen Pferd tun würden, oder?", fragte Grayson.

„Ich glaube, es wäre schon möglich, aber es wäre wohl ein eher langsamer Ritt", erwiderte Tom. „Außerdem müssten wir ihn trainieren und davon haben wir keine Ahnung."

Wie wahr. Alle nickten.

„Und wenn wir ihn hier zum Arbeiten brächten?", schlug Meghan vor. „Wir könnten einen großen Garten anlegen und er könnte den Boden pflügen."

Wir dachten eine Minute lang darüber nach.

„Nein. Das würde nicht funktionieren."

„Wie schade, dass wir keine Mine besitzen", lachte ich. „Er könnte Wagenladungen von Gold transportieren und wir würden reich werden."

Wir kicherten, und ich konnte in Toms Augen sehen, dass er nur noch einen guten Grund brauchte, um den Esel tatsächlich zu behalten. *Denk nach, Familie, denk nach!*

„Es macht einfach Spaß, ihn anzuschauen", sagte Grayson und sah zu seinem Papa auf.

„Ja, ja, das stimmt!", fielen wir ein. „Es macht wirklich Spaß! Und es ist schön, über ihn zu reden."

„Ihr meint, er ist ein Teil unserer Gespräche, eine Art Gesprächspartner?" Und sogleich war Toms Stimme mit einem Lächeln sanfter geworden.

„Ja, stellt euch vor, wir hätten ein paar schräge Verwandte aus der Stadt zu Besuch und wüssten nicht, worüber wir mit ihnen reden sollen. Dann könnten wir sie einfach mit nach draußen zu unserem Esel nehmen und sie wären wahrscheinlich begeistert." Grayson argumentierte wie ein Profi. Es fehlte nur noch ein letzter kleiner Ticken...

„Ich wette, wir könnten uns zehn Minuten lang über ihn unterhalten", kam Lauren ihrem Bruder zu Hilfe. „Vielleicht sogar fünfzehn Minuten. Die Leute würden ihn echt interessant finden." Vier Augenpaare richteten sich nun auf Tom.

„Ah, ein Punkt für euch. Ich glaube, man könnte sagen, er stellt Gartenkunst dar", lenkte Tom ein, während er das Gatter öffnete und auf den Esel zuging. Er bewegte sich langsam auf ihn zu und streichelte das Innere seiner Ohren. Ich holte die Karottenstücke hervor, die ich in meiner Hosentasche mitgebracht hatte.

„Hört mal", sagte er und holte tief Luft. „Wir können ihn behalten, wenn..."

Die Freudenschreie übertönten den Rest seines Satzes.

„Ähem!" Tom brachte uns zum Schweigen, indem er unseren Lärm mit entsprechenden Handbewegungen bremste. „Wie ich sagte, können wir ihn behalten, *wenn* er tatsächlich so pflegeleicht ist, wie ihr sagt, *wenn* er nicht zu viel frisst und *wenn* er sich wie ein ordentlicher Bewohner benimmt."

Na klar! Kinderspiel! Alles paletti! Wir jubelten erneut und der Esel war natürlich verwirrt. Er warf den Kopf, stemmte die Hinterläufe in den Boden, wirbelte herum und trabte in die hinterste Ecke der Weide, nicht ohne vorher die Karotte gierig aus meiner Hand geschnappt zu haben.

Beau bellte protestierend – womöglich war er die letzte Stimme der Vernunft. Und irgendwie spürte ich, dass dies alles am Ende nicht so einfach werden würde, wie ich dachte.

2.

Namen und ihre Bedeutung

Das vorübergehend verlängerte Bleiberecht des Esels bescherte uns eine gedankliche Atempause von unseren Sorgen. Und es half mir das Gefühl der Niederlage zu verdrängen, das sich in meinem Bauch breitgemacht hatte wie eine Handvoll Plätzchenteig, den man nie auf leeren Magen essen sollte. Unseren neuen Mitbewohner dabei zu beobachten, wie er sich an sein neues Zuhause gewöhnte, war wie ein Ventil für uns und zugleich ein beliebtes Gesprächsthema beim Abendessen.

„Habt ihr schon gesehen, wie der Esel beinahe jeden Teil seines Körpers mit seinen Zähnen erreichen und sich überall dort kratzen kann, wo es ihn juckt? Gib mir mal bitte die Butter."

„Ich weiß. Ich habe heute gesehen, wie er die Stelle unter seinem Schwanz erreichte. Er hatte sich komplett bis auf die Hälfte zusammengekrümmt, den Schwanz hochgeklappt und dann mit den Zähnen zu kratzen begonnen. Möchte jemand Brötchen?"

„Im Ernst, ich glaube, er ist sehr gelenkig. Ich hätte gern noch etwas Spaghetti, danke."

Wir lernten bald, auf seine samtigen Ohren zu achten, die sich fortlaufend bewegten. Waren sie nach vorn gestellt, signalisierte er Interesse und Neugier. Waren sie nach hinten gelegt, war er ängstlich, unsicher, unzufrieden. Ein Ohr nach vorn und eins nach hinten – nun, das verlangte nach Interpretation, insbesondere, wenn er gleichzeitig mit dem Huf stampfte oder mit dem Schwanz wedelte. Seine Ohren waren der Schlüssel seiner Kommunikation, eine stille Art, sich auszudrücken, die uns verzückte.

Wir begannen, uns in Sachen Eselpflege schlauzumachen: Welches Futter war das beste für ihn, wie war er am besten zu striegeln, wie waren seine Hufe zu versorgen, welche Impfungen benötigte er? Unsere Weide, von den Behörden als „Magerrasen" deklariert, war für dieses Tier, das für das Leben in kargem Ödland geschaffen war, geradezu perfekt. Das harte, einheimische Gras auf unserer zweieinhalb Hektar großen Weide, die stets der texanischen Sonne und ständigem Wind ausgesetzt ist, würde genügend Raufutter liefern, ohne zu reichhaltig zu sein. Der hintere Teil der Einzäunung schloss ein Stück Wald ein, das er zur selbstständigen Futtersuche und für Schatten nutzen konnte. Er würde nur wenig Zusatzfutter brauchen, außer in den Wintermonaten oder bei extremer Hitze im Sommer, wenn das Gras zu braunem Staub verdorrte. Es gab mehr zu lernen, als wir angenommen hatten, doch das liebenswürdige Temperament des Esels schürte weiter unsere Aufmerksamkeit und Zuneigung.

Da er sich nicht nur einen Weg zu unserer Scheune, sondern auch zu unseren Herzen gebahnt hatte, war es an der Zeit, ihm einen Namen zu geben. In unserer Familienchronik hatten wir bereits eine Reihe von Haustieren getauft: *Checkers*, den braunweißen Springer Spaniel; *Buttons* und *Twix*, zwei hübsche

Katzenbrüder; *Wilson*, den Sittich, den wir gerettet hatten, als wir ihn auf der Straße wie einen Tennisball aufprallen sahen. Und dann war da *Angel*, der Habicht mit dem roten Schwanz, der Tom gehörte, als er die Falknerei betrieb. Sogar die Rennmäuse und Fische, die nur ein kurzes Leben bei uns verbrachten, wurden mit ausgefallenen Namen versehen.

Die Herausforderung hatte immer darin bestanden, einen Namen zu finden, der die Persönlichkeit des Tieres widerspiegelte und den wir ohne Verlegenheit in der Öffentlichkeit rufen konnten. So hatte im Laufe der Jahre Tom in seiner Männlichkeit ein Veto gegen Namen wie „Schmoozy", „Fluffy" oder „Schätzchen" eingelegt, und wir fanden es nur vernünftig, dieser Linie treu zu folgen. Man kann von einem Mann, der sich am liebsten in Tarnkleidung bewegt, nicht verlangen, ein Haustier zu haben, dessen Namen suggeriert, dass es in einer rosafarbenen Handtasche getragen wird.

„Wie sollen wir ihn nennen?", fragte ich Tom, den ich hinter mir im Spiegel sah, während ich meine doppelte Aufgabe erledigte – Zähne putzen und die Krähenfüße rund um meine Augen inspizieren. „Sollen wir einen lustigen Namen wählen, da er ja nun mal ein *Esel* ist? Oder soll es lieber etwas Würdevolles sein?" Bei unseren anderen Tieren hatten wir nie Probleme, den richtigen Namen zu finden, aber dieses Mal standen wir – warum auch immer – vor einem Dilemma.

Tom saß auf dem Bett und zog seine Arbeitsschuhe an. „Ich will ja nicht alles noch komplizierter machen, aber da wir in Texas leben, könnten wir auch über einen spanischen Namen nachdenken."

„Stimmt!" Er wusste, wie sehr ich die Esel meiner Kindheit geliebt hatte. Es wurde von Minute zu Minute schwieriger.

Wir jonglierten eine Zeit lang mit verschiedenen Ideen, bevor wir uns an unser Tagewerk machten und beschlossen, dort weiter darüber nachzudenken.

Auf dem Gerüst stehend dachten wir über die gängigen Ideen nach: *Brae, Harry, Eeyore*.

„Es ist lustig, einen Esel zu haben, aber ich möchte mich nicht über ihn lustig machen", warf Tom ein, während er seinen Pinsel in blaue Farbe tauchte und am Dosenrand abtupfte. Also strichen wir all diese Namen von unserer Liste.

Den ganzen Tag über waren wir mit der Namensgebung beschäftigt. Noch am Abend, während sie eine Fülle von Brautzeitschriften sichteten und Popcorn aßen, schlugen die Mädchen vor, etwas Ernsteres, Würdigeres zu wählen. „Wie wäre es mit *Jefferson* oder *Winston*? *Henry*? *Roosevelt*?" Schon besser, aber noch nicht perfekt.

Vielleicht sollten wir uns von der Bibel inspirieren lassen? Beim Zubettgehen dachten wir über *Balaam* nach; *Ikabod*; auch *Jona* und *Micha* und all die anderen kleinen Propheten.

Was wir auch versuchten, nichts schien zu passen. Er war der „Namenlose, der auf der Weide schrie", und wir waren nicht zufrieden damit. Wochen vergingen, ohne dass wir eine Lösung fanden.

„Wir können ihn nicht weiterhin *guter Junge* nennen", sagte ich, als Tom und ich eines Nachmittags die Leitern in die Scheune trugen. „Es ist so unpersönlich und klingt, als ob er uns egal wäre." Wir hielten inne, um ihn vorüberschlendern zu sehen, während er den Sonnenschein genoss und von einem Ende der Weide zum anderen spazierte.

„Ich weiß. Aber ein Name ist wichtig. Das will man nicht vermasseln, nicht mal für einen Esel, für den wir keine fünf Dollar bekommen würden." Tom zwinkerte und legte einen Arm um meine Schulter, zog ihn aber wegen der stickigen Hitze bald wieder zurück. „Weißt du", sinnierte er, „dieser Kerl ist nie in Eile, so als lebte er in einer Zeitschleife. Er würde nie irgendwo wegen Geschwindigkeitsübertretung geblitzt werden."

Wir sahen uns an und es dämmerte uns. *Flash* (Blitz)! Das war er!

Flash. Wie der Comicheld, der einem in Bedrängnis zu Hilfe eilt. Wir kicherten bei der Vorstellung, unser Esel trüge eine Maske mit Blitzen an den Seiten und wie er auf dem Weg in eine Krisensituation eine Pause einlegen würde, um ein Schläfchen zu halten. Ja, *Flash* war perfekt. Die Kinder waren einverstanden.

Nachdem Flash nun seinen Namen bekommen hatte, wussten wir alle, ohne je darüber zu sprechen, dass damit seine Probezeit vorüber war und er fortan als fester Bestandteil der Familie zu betrachten war.

Flash war nun für immer *unser* Esel und wir verliebten uns in ihn. Er verlor bald darauf sein struppiges Winterfell, das einem weichen, graubraunen Mantel Platz machte, der ihn seidig glänzend aussehen ließ. Sogar seine Ohren verloren den größten Teil der Winterwolle und wurden seidenweich, besonders nahe dem Höcker auf seinem Kopf. Er liebte es, wenn wir die Innenseiten seiner langen, rohrförmigen Ohren streichelten, und freute sich über jede Aufmerksamkeit.

Das Striegeln wurde sein liebster Zeitvertreib, und ich nutzte es, um unsere Beziehung zu festigen: Ich sprach mit ihm, während ich mit der Bürste über seinen Körper strich. Er schien sich für mein Geplauder zu interessieren, also erzählte ich ihm von unseren Projekten, hielt ihn über unsere Familienaktivitäten auf dem Laufenden und erzählte ihm, was mir in den Sinn kam.

Seine Ohren folgten meinen Worten, bewegten sich hin und her, und dann und wann nickte er, so als wollte er sagen: „Mach weiter, erzähl mir noch mehr." Ich stellte schon bald fest, dass er der perfekte Zuhörer war. Die Sorte, die einem das Gefühl gibt, alle Zeit der Welt zu haben. Sobald er auch nur den Striegel sah, tauchte er in eine Wolke der Glückseligkeit ein. Man konnte ihn beinahe lächeln sehen. Seine Scheu schmolz dahin und wir begannen flüchtige Blicke auf seine kontaktfreudige Persönlichkeit zu erhaschen.

Flash fing an, sich bei uns häuslich einzurichten. Unser gelbes Haus in Form einer Scheune aus den 70er-Jahren, auch gerne als „Mansardenstil" bezeichnet, stand neben seiner Weide, sodass wir eine erstklassige Aussicht auf seine Unternehmungen hatten. Er war angekommen: Er hatte riesig viel Platz für sich, wo er unter freiem Himmel umherstreunen konnte, außerdem eine Scheune als Obdach und rund achttausend Quadratmeter schattigen Waldes zum Erkunden.

Früher, nachdem wir das Anwesen über eine Zeitungsannonce gefunden hatten, hatten wir für den größten Teil des Landes keine Verwendung, abgesehen von der Scheune, in der wir Vorräte lagerten. Wir gaben unser Vorstadtleben auf und machten uns glücklich daran, das renovierungsbedürftige Haus in unser neues Heim zu verwandeln – natürlich ohne einen Penny auszugeben. Obwohl es nur fünfundzwanzig Kilometer von Dallas entfernt liegt, hat man den Eindruck, von der Stadt ganz weit weg zu sein.

Unsere vierhundert Meter lange Zufahrtsstraße windet sich über einen Staudamm, an einem Teich vorbei und durch einen Wald, bevor sie auf das Haus zuführt. Das „bezaubernde Farmhaus" (wie damals in der Zeitungsannonce beschrieben) hielt einige Kuriositäten für uns bereit – zum Beispiel eine Toilette, die so nahe an der Wand stand, dass man sich wie im Damensattel darauf niederlassen musste. Doch nachdem wir den Teppichboden ersetzt und die steril weißen, halbglänzenden Wände mit fröhlichen neuen Farben angestrichen hatten, fühlte es sich an wie ein richtiges Zuhause.

Die Zimmer der Kinder schmiegten sich unter die schrägen Dachvorsprünge des scheunenartigen Daches und besaßen Sitzplätze vor den Gaubenfenstern, die zum Tagträumen einluden, wozu wir unsere Kids auch ermutigten. Die Küche war zwar klein, verfügte jedoch über große Arbeitsflächen aus Holzimitation und genug Stauraum in den Schränken. Wenn ich das Geschirr wusch, konnte ich durch das Fenster auf ein Feld mit einer sich ständig verändernden Gras- und Wildblumenlandschaft schauen, das schräg zu einem bewaldeten Bachbett abfiel.

Mächtige Bureichen, Roteichen und Zedern standen im Wald und veränderten sich mit den Jahreszeiten in eine endlose Abfolge von Schönheit. *Wie hatten wir uns nach so etwas gesehnt.* Wir saugten alles in uns auf. Zugegeben, das Abwasserrohr war regelmäßig verstopft, und beinahe alle fest eingebauten Gegenstände mussten ersetzt werden, doch das waren nur kleine Hindernisse. Unsere Familie konnte hier atmen, und das über sieben Hektar große Land, das zum Haus gehörte, war mehr, als wir je hätten hoffen können. Das Haus wurde zu unserem Zufluchtsort mitten in unseren finanziellen Schwierigkeiten. Wir hatten kein Geld, aber die Aussicht und Natur waren unbezahlbar.

Flash schmückte unser Anwesen nun mit seiner ruhigen Gegenwart und vervollständigte unseren neuen Lebensstil. Es fühlte sich nun irgendwie komplett an, Heuballen für unser „Vieh" zu haben, die Zäune regelmäßig überprüfen und reparieren zu müssen und ein erwartungsvoll hingehaltenes Maul über dem Gatter zu streicheln. Selbst Beau schien sich damit abzufinden, dass er unsere Zuneigung von jetzt an mit einem anderen Tier teilen musste, obwohl er es sich zur Gewohnheit machte, Flash anzubellen, wann immer er die Gelegenheit dazu hatte.

• • •

Wir hatten Flash seit ein paar Monaten bei uns, als unsere Haus- und Grundbesitzer zu Besuch kamen. Sie waren gerade in ein altes, kleines Landhaus gezogen, das sich auf demselben Grund und Boden befand, den wir von ihnen mieteten, sodass wir nun Nachbarn waren. Bridgette, eine in Louisiana geborene und aufgewachsene blonde Schönheit, war von ihrem Typ her ein starker Kontrast zu ihrem Mann Steve, einem großen, bärtigen Mann aus dem Mittleren Westen. Bridgette war lebendig und gesprächig, Steve hingegen reserviert und ruhig. Er liebte Flanellhemden und Jeans, während Bridgette einem Modemagazin entstiegen zu sein schien. Sie betonte stets ihre athletische Figur durch eng anliegende Röcke und dazu passenden Blusen. Bridgette hatte eine angesehene Architekturdesign-Firma in Dallas auf den Weg gebracht und stand für alles, was ich nicht war: Sie war schön, gebildet, selbstbewusst, erfolgreich, weltgewandt, sportlich, stilvoll und professionell. Ich ging ihr so oft wie möglich aus dem Weg, was nicht einfach war, da sie ja unsere Nachbarn waren.

Bridgette und Steve hatten erst vor Kurzem geheiratet und ihre großartigen Karrieren sowie ihre schicke Wohnung in der Innenstadt von Dallas aufgegeben, um sich als Unternehmer selbstständig zu machen. Alles an ihnen war cool – selbst die Tatsache, dass sie sich verkleinert hatten und in das kleine Haus auf unserem Land gezogen waren. Tagsüber entwarfen sie Räume für Unternehmen auf ihrer vorderen Veranda und abends arbeiteten sie in ihrem Biogarten. Ich bin mir ziemlich sicher, sie liebten Humus und wussten alles über erlesene Weine.

Im Schatten der Zedern, die unsere Weide säumten, plauderten wir über das Wetter und tauschten Nachbarschaftsklatsch aus, als plötzlich Flash auf das Gatter zuschlenderte, um sich ein paar Streicheleinheiten zu holen.

„Haben Sie schon unseren neuen Esel kennengelernt?", fragte ich und drehte mich zu Bridgette und Steve um, um zu sehen, ob sie beeindruckt waren.

„Oh ja, wir haben uns schon mit ihm angefreundet", antwortete Bridgette in ihrer gedehnten Sprechweise. Sie streckte den Arm vor, wobei ihre teuren Armreifen klirrten. „Ist er nicht *hinreißend*? Wir *lieben* ihn."

Wir lächelten wie stolze, junge Eltern, die sich über ihr Baby freuen. Ja, Flash war ein Mitglied unserer Familie. Ein Bewahrer. Und wir begannen mit einer Lobhudelei über seine sich abzeichnenden Qualitäten. Doch dann wurden wir auf einmal ganz still, als wir hörten:

„Stellen Sie sich vor!", unterbrach uns Bridgette vor Begeisterung übersprudelnd. „Wir haben ihm den *perfekten* Namen gegeben!"

Unser Lächeln gefror. Moment mal. Was haben sie getan?

Sie machte eine dramatische Pause, während wir sie mit großen ungläubigen Augen anstarrten. Mit einer schwungvollen Geste ging sie zur großen Bekanntmachung über: „Sein Name lautet... *Hay-soos*! Das ist ein spanischer Name!" Sie klatschte entzückt in die Hände. „Ist das nicht *perfekt*?"

Perfekt? Nein, ganz und gar nicht. *Jesús* war zwar im Spanischen ein geläufiger Name, würde aber niemals für unseren Esel benutzt werden, der bereits einen Namen besaß: *Flash*.

„Nun, *Hay-soos*, wie geht's?", begrüßte sie Flash, der sein Maul weiter vorschob. Ihre breite Aussprache ging mir auf die Nerven. Flash teilte meine Bedenken bezüglich dieser Namensgebung offenbar nicht, denn er ging sofort auf diese Aufmerksamkeit ein.

Derart zufrieden mit ihrer exzellenten Namensgebung für *unser* Tier schienen unsere gut meinenden Nachbarn unsere hilflosen Proteste, dass er bereits *Flash* genannt wurde, gar nicht wahrzunehmen. Von uns so genannt. Von seinen Besitzern. Von den Leuten, zu denen er gehörte, die ihn besaßen. Keine Chance. Sie redeten einfach weiter.

„*Hay-soos* ist so unterhaltsam! Wir lieben es, ihm Möhren über den Zaun zu reichen und ihn zu kitzeln!" Sie warfen lachend den Kopf zurück. Doch wir hörten nur „*Hay-soos* dies" und „*Hay-soos* das" und jedes Mal wurden wir verstimmter.

Die beiden nervten. Wie konnten sie es wagen, dem Tier anderer Leute einen Namen zu geben? Ist doch wahr! Mir wäre es nie im Traum eingefallen, zu ihrem Haus zu stapfen und einer ihrer noblen Katzen einen neuen Namen zu geben! Mir wurde heiß und kalt.

• • •

Ich hörte Miss Südstaaten-Schönheit, Bridgette, Flash von ihrem Garten aus rufen. „Hallo! *Hay-soos*! Komm her, Liebling!", gurrte sie. Ich schloss die Augen und biss die Zähne zusammen.

„Geh nicht hin, Flash. Geh nicht hin. Reagiere nicht darauf." Ich versuchte, Gedankenwellen zu meinem Esel zu senden, um ihn in ein mentales Kraftfeld einzuschließen, damit er ja von Bridgette fortblieb. Aber nein. Flash hatte seine anfängliche Scheu völlig überwunden und trabte zum Zaun, glücklich und froh, auf seinen Alias-Namen zu antworten – vor allem, wenn Möhren mit im Spiel waren. Tag für Tag beobachtete ich mit Abscheu, wie er seine Würde für ein Almosen verkaufte. *Flash, wo ist deine Selbstachtung geblieben?*

Das konnte nur eines bedeuten: Krieg! Ein subtiler Krieg.

Fortan ließ ich Flashs Namen in jeder Unterhaltung mit unseren Nachbarn fallen, egal, ob es in den Kontext passte oder nicht.

„Was für ein herrliches Wetter! *Flash* genießt es sehr."

Ich betonte seinen Namen mit einer ganz leichten Schärfe und wartete auf eine Reaktion, die jedoch nie kam.

„Oh, wie schön Sie heute aussehen. Ich sollte *Flash* rufen, damit er Sie bewundern kann."

„Ich habe gehört, dass ein neuer Film herausgekommen ist. Am liebsten würde ich ihn mir mit *Flash* zusammen ansehen."

Ich achtete darauf, jede Erwähnung des unaussprechlichen Namens, den ich gehört hatte, zu korrigieren. Doch da ich in einer christlichen Gemeinde groß geworden bin, tat ich es auf die netteste, sanfteste Art, um mein Christsein ja nicht zu beeinträchtigen.

Bridgette sagte: „Ich liebe es, *Hay-soos brüllen* zu hören. Es macht mich einfach glücklich."

„Oh, ich weiß", lächelte ich. „*Flash* kann ganz schön *schreien. Flash* ist so närrisch. *Flash* hört sich gerne selber zu." Sowohl meine Korrektur, was Flashs Lautgebung betraf, wie auch meine Strategie stießen offenbar auf taube Ohren.

Unverzagt versuchte ich es mit einer anderen Taktik: Ich sprach direkt zu Flash. Er brauchte offensichtlich einen Gesprächspartner. Dann würde er aufhören, zu Bridgette hinüberzulaufen, sobald sie ihn mit *ihrem* Namen rief, der nicht sein richtiger war.

Ich nahm den zotteligen Kopf meines Esels in die Hände und schaute in seine warmen, braunen Augen. Er blähte die Nüstern und erwiderte unschuldig meinen Blick. Die Haare seines Mauls standen in alle Richtungen ab, was ihm einen verwegenen Anstrich gab.

„Flash", sagte ich, „Liebling, du musst aufhören, auf *Hay-soos* zu hören, *denn das ist nicht dein Name.* Du hast bereits einen Namen: *Flash.* Das ist dein Name, denn du gehörst mir. Ich bin die Einzige, die das Recht hat, dir einen Namen zu geben. Andere Leute können dich nennen, wie sie wollen, aber mach dir bewusst: Das ist nicht dein Name. Du gehörst *mir*. Deshalb ist der Name, den ich dir gegeben habe, dein Name."

Ich meinte, ein Aufblitzen von Verstehen in seinen Augen zu sehen, also ließ ich ihn los, doch nicht ohne ihm einen letzten Mama-Blick zuzuwerfen – und mit zwei Fingern von meinen Augen zu seinen zu zeigen, um ihm klarzumachen, dass es mir ernst war. Ich wollte eine Veränderung in seinem Verhalten feststellen. Er beugte den Kopf und trat in den Staub. Ja, er hatte mich offenbar verstanden.

Könnte ich doch nur meine Schüchternheit gegenüber unseren ach so erfolgreichen Nachbarn überwinden und ihnen geradewegs ins Gesicht sagen, dass sie damit aufhören sollten, Flash anders zu nennen. Aber irgendwie schaffte ich es einfach nicht, sie zur Rede zu stellen. Ich fühlte mich mit unserem oberflächlichen Small Talk und meinen halb versteckten Hinweisen irgendwie wohl, doch wenn ich an Bridgettes Website mit ihrem beeindruckenden Lebenslauf, der Liste ihrer angesehenen Ausschüsse, in denen sie tätig war, und die Hochglanzfotos ihrer hochwertigen Architekturdesigns dachte, blieben mir die Worte im Hals stecken. Meine mit Farbe gesprenkelte Arbeitskleidung, unser Ford Explorer mit dem matt gewordenen Lack und die bereits vordatierte Mietüberweisung bestätigten, dass wir in einer ganz anderen Liga spielten als unsere Nachbarn. *Bäh!*

Wieso war das so? Ich stellte irgendwann fest, dass der kleine Streit über Flashs Namen in Wahrheit Unsicherheiten bei mir an die Oberfläche brachten, die ich bis dahin unterdrückt hatte. Unser Umzug und das Leben in einer neuen Gegend hatten nichts an der Tatsache verändert, dass ich an allen Fronten schlecht wegkam und dass Versäumtes übersprudelte, sosehr ich mich auch bemühte, einen Deckel darauf zu halten. Unseren künstlerischen Traum zu verwirklichen, war ein ständiger Drahtseilakt mit der Frage „Werden wir es schaffen oder nicht?", die meine Unzulänglichkeit noch zu verstärken schien. Und dann auch noch mit einem schillernden Paar konfrontiert zu sein, das offenbar alles erreicht hatte, stellte meine Mängel nur noch deutlicher ins Rampenlicht.

Doch ich hatte keine Zeit, weiter darüber nachzudenken. Ich musste für einen Kunden ein Kinderzimmer mit einer Prinzessin-Malerei schmücken, und ich hatte noch keine Ahnung, wie ich das in der dafür vorgesehenen Zeit schaffen sollte. Ich beeilte mich, den Entwurf an die Wand zu zeichnen, und verlor mich schon bald in der Arbeit.

„Mama, hast du etwa vergessen, mich abzuholen?" Graysons Stimme auf dem Handy ließ mich flugs von meiner Leiter hinunterklettern und in einem Anflug von Panik zu meinem Wagen eilen. Wie konnte es schon halb fünf sein? Er wartete schon eine ganze Weile auf mich.

„Ich bin sofort bei dir. Tut mir leid! Ich habe die Zeit vergessen."

Wie konnte ich so gedankenlos sein? Es war Graysons erster Tag in der Mittelstufe, und ich hatte mir geschworen, mich ab diesem Tag besser organisieren zu wollen. Und dann das! Ich hatte bereits versagt.

„Du Dummkopf, Dummkopf, Dummkopf!", schimpfte ich über mich selbst, während ich die mehr als zehn Kilometer von meinem Arbeitsplatz zur Schule zurücklegte. „Ich bin so dumm!" Ich kam eine ganze Stunde später als vereinbart an. Grayson saß im Schulbüro, und eine Sekretärin leistete ihm Gesellschaft, während der arme Kerl auf seine nachlässige Mutter wartete. *Herzlichen Glückwunsch zum ersten Schultag in der Mittelstufe, mein Sohn. Mama liebt dich. Sie hat dich nur vergessen.*

Meine Versäumnisse als Mutter häuften sich. Ich musste daran denken, wie ich früher zu vernünftigen Zeiten ein leckeres Abendessen auf den Tisch gebracht und das Haus in Ordnung gehalten hatte. Die Bedürfnisse unserer Kinder hatten für mich im Mittelpunkt gestanden und ich hatte mich mit viel Energie um sie gekümmert. Doch nun mussten Tom und ich viele Arbeitsstunden aufbringen, um uns über Wasser zu halten. Jeden Tag die Leitern und das Arbeitsmaterial zu verladen, erschöpfte mich, und abends war ich damit beschäftigt, neue Projekte zu planen und zu skizzieren.

Andererseits liebte ich die Arbeit und die damit verbundene Kreativität, doch ich war eine abgelenkte, unaufmerksame Mutter geworden, die zudem oft unbeherrscht reagierte. Ich vermisste die ruhigeren Tage, als meine Ziele als Mutter klar umrissen waren und ich mich auf meine Kinder konzentrieren konnte. Ich hasste es, Hemden und Blusen aus dem Wäschekorb zu fischen und sie zusammen mit antistatischen Laken kurz in den Wäschetrockner zu stopfen, sodass sie wieder wie frisch gewaschen aussahen. Und ich fand es entmutigend, um acht Uhr abends halb aufgetautes Fleisch in die Pfanne zu hauen, während meine hungrige Familie sich bereits an Chips gütlich tat. Noch eine kurze Andacht beim Zubettgehen mit den Kindern? Fehlanzeige.

„Mangelhaft." Ich schrieb das Wort so fest mit meinem Kuli in mein Tagebuch, dass es sich eingrub und durch meine Kraft mehrere Seiten zerriss. Meine Hektik, meine Unfähigkeit, eine Aufgabe zu Ende zu führen, meine eigene Nachlässigkeit immer wieder gespiegelt zu bekommen, wo doch Zuverlässigkeit für einen Mann von Bedeutung ist – all das war ein wiederkehrendes Thema in unserer Ehe, wenn die Dinge sich schwierig gestalteten.

Zum Glück haben Tom und ich eher wenige Konflikte; doch wenn, dann dreht er sich um unsere unterschiedlichen Prioritäten, und das nehme ich sehr ernst. Mein Mann ist der Planer und Macher, während ich eher aus Hoffnung und Gebet lebe. Er ist derjenige, der jeden Zentimeter abmisst, während ich nach Augenmaß handle. Er braucht Struktur, während ich das Chaos gar nicht so wahrnehme. Doch wenn man die „fast ist gut genug"-Partnerin eines Mannes ist, der nach dem Prinzip lebt: „Mach es ganz oder mach es gar nicht", dann fühlt man sich leicht als die größte Versagerin als Ehefrau. Es war nicht Toms Schuld, dass ich die Dinge so nahm... es war meine Schuld. Wenn er mich zum Beispiel bat, nicht zu vergessen, neue Zahnpasta zu kaufen, dann folgerte ich daraus, dass er mich für absolut unzulänglich und wertlos hielt.

Ich hatte keinen Ruhepol mehr. Ich fühlte mich verloren. Zwar war die texanische Landschaft wunderschön, aber ich nahm sie nicht mehr wahr. Meine To-do-Liste überwältigte mich jedes

Mal aufs Neue. Alles schien meine Aufmerksamkeit zu verlangen: Die Wäsche musste herausgenommen werden, Grayson benötigte Hilfe bei einem Projekt in Physik, unser neuer Kunde wartete auf einen Entwurf, Unkraut überwucherte bereits die Blumen in unseren Beeten, wir hatten keine Milch mehr, der Motor unseres Autos machte seltsame Geräusche, das Hockeytraining würde in einer Stunde beginnen… ich konnte nicht mehr. Ich fing eine Sache an, während ich von einer anderen abgelenkt wurde und dann wieder von einer anderen, und am Ende des Tages hatte ich nichts geschafft. Manchmal kam ich morgens einfach nicht aus dem Bett, ganz zu schweigen von dem Kampf um den Namen meines Esels.

Just in dem Moment hörte ich wieder einmal die überschwänglich freudige Begrüßung unseres Esels durch Bridgette. Ich seufzte. Und während ich durch die Gardine spähte und ihn eifrig mit wackelnden Ohren auf das Gatter zutraben sah, geschah etwas Seltsames: Ich meinte ein Flüstern zu hören. Okay, vielleicht nicht wirklich ein Flüstern, aber ich spürte *etwas*. Einen Stups, einen Gedanken. Ein Kitzeln auf der Haut. Und die Erinnerung an einen Bibelvers schoss mir durch den Kopf: *Ich habe dich bei deinem Namen gerufen, du gehörst zu mir.*

Die Worte trafen mich völlig unvorbereitet. Wo hatte ich sie gelesen? *Ich weiß, dass ich sie irgendwo gelesen habe.* Ich nahm meine Bibel und blätterte, bis ich den Vers schließlich fand:

„*Aber jetzt sagt der Herr, der euch geschaffen hat, ihr Nachkommen von Jakob, der euch zu seinem Volk gemacht hat: ‚Hab keine Angst, Israel, denn ich habe dich erlöst! Ich habe dich bei deinem Namen gerufen, du gehörst zu mir'*" (Jesaja 43,1).

Die Worte sprangen mir regelrecht entgegen.

„*Du gehörst zu mir.*"

Ich atmete tief durch.

Damit hatte ich nicht gerechnet. Zwar glaubte ich daran, dass Gott für mich sorgte und dass er jederzeit zu jedermann sprechen konnte, doch nun fragte ich mich, ob dies gerade wirklich die „sanfte, leise Stimme" war, von der viele Leute sprachen. Ich war so von meinen Unzulänglichkeiten überwältigt, dass ich nur noch über mich selbst klagte, als mit Gott verbunden zu sein. Ich hatte mich durchgewurstelt, gekämpft, versagt und immer wieder dasselbe Muster wiederholt. Doch nun hatte Gott irgendwie einen Esel benutzt, um mir eine einfache Wahrheit klarzumachen.

Wie treffend!

Denn ich fühlte mich wie das Hinterteil eines Esels. Ich war nicht viel anders als Flash. Ich befand mich in meiner eigenen Identitätskrise. Durch die ganze Geschäftigkeit mit den Aktivitäten der Kinder, der Arbeit, dem Kochen, dem Bezahlen von Rechnungen und dem Jonglieren mit alledem hatte ich aufgehört, mich um mein eigenes geistliches Leben zu kümmern. Meine Gebete beschränkten sich auf Anklagen und Hilferufe, die ich an einen Gott richtete, der irgendwo da oben war. Zeit, um auf ihn zu hören und sein Wort zu lesen, gab es praktisch nicht mehr. Warum sollte ich mich darum kümmern? Ich war schließlich voll auf mich selbst fokussiert, auf *meine* Probleme, *meine* Lösungen. Und dabei hatte ich die Verbindung zu meinem Schöpfer schlicht erkalten lassen.

Ich selbst war der Mittelpunkt meines eigenen Universums, völlig unzureichend in allem. Und ich hatte alles vermasselt. Ich hatte in meinem Kreativunternehmen versagt. Ich war eine schlechte Geschäftsfrau. Eine Mama, die vergaß, ihr Kind von der Schule abzuholen. Ich war allein, obgleich Teil einer wundervollen Familie. Verloren mitten in dem neuen Leben auf dem Land. Immer im Rückstand, völlig ins Schwimmen geraten. Voller Furcht, als Schwindlerin entlarvt zu werden. *Wen führe ich an der Nase herum? Niemanden.* Ich hörte auf die Stimmen, die meinen Wert infrage stellten – einen Wert, der auf meinen Leistungen basierte statt auf der überwältigenden Gnade, die mir aus dem Herzen meines himmlischen Vaters zufloss. Desjenigen, zu dem ich gehörte. Des einen, der mir meinen Namen gab.

Ich hatte vergessen, zu wem ich gehörte, hatte vergessen, dass mein Vater mir einen Namen gegeben hatte – eigentlich sogar mehrere Namen –, mit denen er seine Liebe zu mir ausdrückte. Und Gott erinnerte mich in jenem Moment daran, dass mein Wert auf meiner Beziehung zu ihm beruhte und nicht auf meinem „Erfolg" als Mama, Ehefrau, Freundin oder Geschäftsfrau.

Ich schnappte mir sogleich ein kleines Notizbuch und schrieb:
Erinnere dich an deinen Namen.
Und darunter ergänzte ich:
Denk daran, zu wem du gehörst.
Denk daran, zu wem du gehörst. Ich hielt inne und schaute aus dem Fenster. *Meine Identität beginnt und endet mit dem einen, der mich geschaffen hat.* In Psalm 139 wird auf wundervoll poetische Weise beschrieben, dass Gott uns bereits im Mutterleib gebildet hat und unser Innerstes kennt. Er hat uns nach seinem Bild geschaffen. Anschließend lehnte er sich zurück und hat gesagt: „Es ist gut."

Ich musste blinzeln, als mir bewusst wurde: Gott macht keine Fehler. Er schuf mich zu einem einzigartigen Selbst, und ich hatte einfach vergessen, *zu wem* ich gehörte. Ich hatte die falsche Gebrauchsanweisung befolgt.

Du meine Güte. Als mein eigener Herr hatte ich mir selbst Namen gegeben! Namen, auf die ich sofort reagierte, sobald ich sie hörte. Namen, die gar nicht meine Namen waren:
Versagerin.
Du bist wertlos.
Du bist unzulänglich.
Angsthase.
Dummkopf.
Ich schrieb die Namen in mein Notizbuch und listete noch alle weiteren Namen auf, die mir in den Sinn kamen. Am Ende hatte ich eine lange und jämmerliche Liste zusammen, die mir zeigte, wie sehr ich mich mit meinen Selbstgesprächen in so vieler Hinsicht gegeißelt hatte. Ich hatte vergessen, zu wem ich gehörte, und dadurch einem Dauerbeschuss von Selbstanklagen Tür und Tor geöffnet. Und mir wurde mit einem Mal bewusst, dass ich zugelassen hatte, dass meine anklagenden Namen meine *Identität* formten. Ich hatte mein *Tun* mit meinem *Sein* verwechselt. Mein Selbstbild war gänzlich verzerrt. Ich brauchte mich nur an meine letzte schwierige Situation zu erinnern und sofort hörte ich ein: „Hallo, ich heiße / ich bin _____." So als würde ich ein Namensschild tragen.

Hallo, ich heiße/ich bin _____.
Furcht: Ich bin wie gelähmt von der Furcht vor Ablehnung und Versagen.
allein: Niemand versteht mich.
ungeliebt: Wenn Gott mich liebt, wie kann er das zulassen?
nicht liebenswert: Ich bin offenbar nicht wert, geliebt zu werden.
verloren: Ich werde niemals meinen Weg finden.

wertlos: Ich kann weder Liebe noch Bestätigung annehmen, weil ich ein solcher Loser bin.
Versager: Hm, offensichtlich.
Sünder: Ich begehe immer wieder die gleichen Fehler.
gebrochen: Meine Wunden sind zu tief, um zu heilen.
hässlich: Gott hat sein bestes Material an Cheerleader vergeben und ich habe die Reste abbekommen.
unterlegen: Warum sollte ich es noch versuchen?
dumm: Ich mache ständig dumme Fehler.
Täuschung: Eines Tages werden alle herausfinden, dass ich nicht die Person bin, für die sie mich halten.
unzulänglich: Ich komme nicht an die Frau heran, die ich für die Menschen, die ich liebe, sein sollte.
niemand: Ich bin unwichtig.

Doch an jenem Nachmittag traf mich die Erkenntnis wie ein Schlag: Als Kind Gottes gehöre ich zu ihm. Er hat mich geschaffen. Er besitzt mich. Ich bin sein.

Das ändert alles!

Gott sieht mich mit seinen Augen der Ewigkeit, der Gnade und Barmherzigkeit, die alles neu machen. Vollkommen. Perfekt. Meine Identität ruht in *ihm*. Nur *er* hat das Recht, mir einen Namen zu geben.

Mein Herz schlug schneller, als ich die Namen aufschrieb, die Gott mir in meinem Leben gegeben hatte. Später ergänzte ich zu jedem Namen eine entsprechende Bibelstelle, aber im ersten Moment war ich einfach von der Liste der Namen überwältigt. Ich stellte mir jeden einzelnen Namen als Namensschild vor.

Hallo, ich heiße/ich bin _____.
mutig.
verstanden.
geliebt.
kostbar.
angekommen.
wertvoll.
erfolgreich.
vergeben.
ganz.
schön.
fähig.
klug.
authentisch.
genug.
Tochter.

Ich legte das Notizbuch zur Seite, schnürte meine Turnschuhe und machte mich auf den Weg zum Wald, wo Flash gerne seine Nachmittage im Schatten der großen Eichen verbrachte. Beim Klang meines Rufens bahnten sich seine Hufe einen Weg durch das Unterholz.

„Flash! Hallo, alter Freund!" Er stand vor mir und beugte den Kopf, um mein T-Shirt zu beschnuppern und seine Stirn an meinem Bauch zu reiben. Was für ein Unterschied zu dem ängstlichen Esel, der er noch vor ein paar Wochen gewesen war. Vielleicht hatte auch ihn die Zugehörigkeit zu unserer Familie verwandelt. Er schien sich auf ausgiebige Streicheleinheiten zu freuen, und ich konnte dem nicht widerstehen, während ich weiter nachdachte.

Wenn Sie je einen Paradigmenwechsel erlebt haben, dann können Sie vielleicht nachvollziehen, wie ich mich fühlte: Es war, als ob sich Felsblöcke von einer Seite meines Gehirns auf die andere Seite bewegten. Ich neigte meinen Kopf, um den Vorgang zu beschleunigen, und ich weiß nicht, ob das geholfen hat, aber es war nicht zu leugnen, dass etwas ganz Entscheidendes passiert war. Etwas festigte sich.

> Ich gehöre zu Gott. Ich bin sein.
> Meine Identität gründet sich auf ihn.
> Er hat mir einen neuen Namen gegeben.
> Ich bin nicht das, was ich tue.
> Mein Wert beruht weder auf meinen Erfolgen noch Versäumnissen.
> Was ich tue, beruht darauf, wer ich bin – und nicht umgekehrt.
> Mein Wert ist innewohnend, nicht verdient.

Bei mir war es kein Donnergrollen, auch kein Engelschor oder Trompetenstoß, den ich hörte, der mein verletztes Herz zu erreichen versuchte. Da war einfach nur dieser lustig aussehende Esel, der eines Abends auf unserem Grundstück auftauchte. Und dort in dem Wald, während ich die Ohren von Flash kraulte, lernte ich etwas Unglaubliches: Gott kann alles zu jeder Zeit und auf jede Weise benutzen, um zu mir zu sprechen.

Und er hatte gerade erst damit begonnen.

....

> Erinnern Sie sich an Ihren Namen.
> Denken Sie daran, zu wem Sie gehören.

....

3.

Der arktische Wind

Falls Sie zu denjenigen gehören sollten, die sich gerne auf Dinge verlassen, dann kommen Sie im Juli nach Texas. Sie dürfen sich sicher sein, hier Tag für Tag hochsommerliche Temperaturen bis zu 38 Grad zu erleben. Ebenso auf einen klaren blauen Himmel mit ein paar wenigen bauschig weißen Wolken, die vorübergehend ein wenig Schatten bieten, bevor sie weiterziehen und Sie erneut der glühenden Sonne ausgesetzt sind. Sehr wahrscheinlich werden Sie von Gebäuden mit Klimaanlagen zu Ihrem Auto mit Klimaanlage hechten und von dort zu einem nächsten klimatisierten Raum. Sie werden für das extrem kühle Innere dieser Gebäude und Autos einen Pulli überziehen und während der kurzen Augenblicke draußen kräftig schwitzen. Sie werden plötzlich die Vorliebe der Südstaatler für süßen Tee und Limonade verstehen und begreifen, dass die Cowboyhüte nicht nur als Ikone den Westen verkörpern, sondern vor allem dazu dienen, Gesicht und Nacken vor Sonnenbränden zu schützen.

Lauren und Robert hatten sich den Juli für ihre Hochzeit ausgesucht und besaßen genug Verstand, in einer Kirche mit leistungsstarker Klimaanlage ihre Hochzeit zu feiern. Die Glasur auf der Hochzeitstorte hielt stand, im Gegensatz zu meinen Haaren, die wie geschmolzene Ganache herabhingen. Doch das war nur ein unwichtiges Detail während eines wundervollen Ereignisses. Von der Hitze abgesehen war es eine Hochzeit wie aus dem Bilderbuch.

Texanische Sommer scheinen sich endlos hinzuziehen. Der heiße Wind bläst über die Prärien und lässt jegliche Vegetation verdorren, mit Ausnahme der ganz widerstandsfähigen Gewächse. Und wir, die wir Tag für Tag in der glühenden Hitze leben, sehnen uns nach der ersten kühlen Brise, nach dem ersten nördlichen Strom, der uns den Herbst ankündigt.

Die herbstliche Jahreszeit ist in Texas ein regelrechtes Ratespiel. Man weiß nie, ob atemberaubende Herbstfarben die Bäume schmücken werden oder ob die Blätter einfach schnell braun werden und abfallen. Ich habe mir sagen lassen, das hinge mit der Regenmenge während des Jahres zusammen, doch das sind nur Vermutungen. Niemand weiß wirklich Bescheid. Wir sind alle nur einfach froh, die Hitze des Sommers überstanden zu haben, und so sind herbstlich gefärbte Blätter quasi ein Bonus, so ähnlich wie die Bratensoße zu einem guten Steak. Vom Winterwetter will ich gar nicht erst anfangen zu erzählen.

Doch da ich es nun selbst angesprochen habe, lassen Sie es mich kurz so sagen: Texanische Winter sind verrückt. Sie bringen enorme Wetterschwankungen mit sich, was zu Unausweichlichem führt: einer extremen Abhängigkeit von Haarpflegeprodukten. Insofern lebt jede Frau in Texas in einem Zustand ständiger Bereitschaft. Hier ein gut gemeinter Rat: Falls Sie selbst wissen, was gut für Sie ist, kommen Sie mir bloß nicht in die Quere, was mein Haarspray mit „extra starkem" Halt betrifft. Ein Tag im Januar kann sonnig und 24 Grad warm sein, und schon der nächste kann Temperaturen unter dem Gefrierpunkt und beißende Winde mit sich bringen, die einem den Atem verschlagen – und sorgfältig gestylte Frisuren in ein schlaffes Etwas verwandeln, und zwar in Sekundenschnelle. Doch abgesehen von Frisurproblemen liebe ich diese schizophrenen Winter, weil ich es einfach liebe, aufzuwachen und überrascht zu werden. Insbesondere, wenn diese Überraschung in strahlendem Sonnenschein besteht, der es einem erlaubt, Flip-Flops und Shorts mitten im Winter zu tragen.

Angesichts solch extremer Wetterschwankungen war es notwendig, für Flash einen angemessenen Unterstand zu haben. Unsere dreieckige Scheune war der perfekte Ort für ihn. Er konnte ein- und ausgehen, wie es ihm beliebte. Er fand dort im Sommer willkommenen Schatten und in den übrigen Jahreszeiten Schutz vor dem unvorhersehbaren Wind, Regen und Schneeregen.

„Flash hält sich am liebsten im Wald auf", sagte Tom nach einer ganzen Weile. „Ich glaube, er will sich alle Optionen offenhalten." Dennoch installierte Tom unter dem wachsamen Blick von Flash eine Futterkrippe und einen Wasserkübel in der Scheune, verstärkte den Verschlag und hängte eine Lampe auf, damit wir ihn auch nachts darin sehen konnten. Diese Verbesserungen wurden von Flash beifällig aufgenommen, insbesondere die Futterkrippe. Man hätte meinen können, ihm würde das Heu auf feinem Porzellan serviert, so wie er es eifrig aus der stabilen Metallkonstruktion herausriss, mit einem Bissen das ganze Maul voll. Perfektes Dinner im Eselstil. Wenn er nicht an der Krippe fraß oder den Boden nach heruntergefallenen Halmen absuchte, war seine liebste Stelle halb innerhalb und halb außerhalb der Stallöffnung: So war sein Hinterteil geschützt, und er konnte sehen, was draußen vor sich ging. Mit den weichen Holzspänen auf dem Boden hatte er in der Scheune einen bequemen Ort zum Dösen. Eine beachtliche Behausung für einen ehemals heimatlosen Esel, und es tat gut zu sehen, wie sehr er sein Zuhause genoss.

Als die Jahreszeiten wechselten, schien es, als verwandelte sich Flash mit ihnen. Sein glattes Sommerfell wurde wieder von einem dicken, pelzigen Mantel abgelöst, der ihm ein struppiges, stämmiges Aussehen verlieh, das ihn besonders liebenswert machte. Die Haare auf der Stirn und am Maul kringelten sich in alle Richtungen, was ihm einen plumpen, teddybärähnlichen Charme verlieh, und das cremeweiße Brust- und Bauchfell fühlte sich samtig weich und doppelt so dick an wie im Sommer. Jedes Mal wenn ich ihn sah, hatte ich das Bedürfnis, ihn an mich zu drücken, und meistens tat ich es.

Flash gewöhnte sich an meine Gefühlsausbrüche, auch wenn er so tat, als ob er sie lediglich tolerierte, bemerkte ich, dass er sofort angetrabt kam, wenn ich ihn rief. Wenn er dann bei mir war, tat er so, als sei er ganz zufällig vorbeigekommen. „Oh, du willst mich drücken? Nun ja, wenn es denn sein muss, dann drück mich halt." Flashs Gebaren wurde langsam vertrauter, er verbarg kaum noch sein Entzücken. Vielleicht war er in seinem früheren Leben so oft enttäuscht worden, dass er seine Begeisterung nicht zu offen zeigen wollte.

Aus eigener Erfahrung weiß ich, dass lässiges Auftreten ein wirkungsvoller Verteidigungsmechanismus ist. Als ich diesen bei Flash entdeckte, war ich gerührt und drückte ihn umso fester. Und da der Winter gekommen war, bekam er eine extra Handvoll

Heu, die er mit fröhlichem Schnauben annahm. In dieser Hinsicht reagierte er keineswegs gleichgültig.

Der Februar kam und brachte eine Woche herrlich warmen Wetters mit sich. Wir holten die Shorts und Sandalen aus dem Schrank. Natürlich folgte direkt darauf eine rekordverdächtige Kältefront, die von den lokalen Medien als „arktischer Wind" bezeichnet wurde. Er zog vom Norden her auf, fiel mit Eisregen über uns herein und brachte unser Leben zum Stillstand. Es erübrigt sich wohl zu sagen, dass Texaner nicht besonders geübt im Umgang mit Eis sind. Der niederprasselnde Eissturm begann in der Nacht und setzte sich den folgenden Tag über fort. Sämtliche Straßen wurden gesperrt. Brücken und Überführungen verwandelten sich in rutschige Todesfallen. Es war undenkbar, Kinder zur Schule zu schicken. Wir klebten wie Wetterkatastrophen-Zombies vor unserem Fernseher. *Ein quer gestellter Sattelschlepper auf der Interstate 35? Das müssen wir sehen.*

Die durch mehrere Eisschichten verkrusteten Bäume und Gräser funkelten schaurig-schön wie in der Landschaftsszenerie von C. S. Lewis' *Narnia*. Die Temperaturen sanken weiter ab, und der Eisregen setzte sich fort, sodass sich die Bäume unter dem Gewicht des Eises zu biegen begannen. Die Zweige der Zedern, die unser Haus umgaben, bogen sich ebenfalls. Bei Einbruch der Nacht berührten sie fast den Boden.

Im Hause schaltete ich sämtliche Lampen ein und zündete Duftkerzen an, um die Tatsache zu zelebrieren, dass wir in einer solchen Nacht gemütlich, sicher und warm geborgen waren. Die Kinder waren schon im Schlafanzug und saßen mit Beau auf dem Läufer vor dem Kamin. Unser Hund freute sich, bei ihnen zu sitzen, als sie einen Film anzusehen begannen. Schulfrei bedeutete, dass alle lange aufbleiben konnten, sogar der Hund.

Tom, mein Naturbursche, war allerdings nicht damit zufrieden, es sich mit uns gemeinsam gemütlich zu machen. Er zog seine Jacke an und setzte seinen Hut auf.

„Wo um alles in der Welt willst du denn hin, Schatz?", fragte ich ihn, während er sich die dicken Handschuhe überstreifte. Ich konnte mir schon denken, was er antworten würde.

„Ich will nachsehen, wie schlimm es da draußen ist."

Tom hoffte insgeheim stets auf einen texanischen Schneesturm. Kein Wunder für jemanden, der in Minnesota aufgewachsen ist und eine Leidenschaft für winterliche Böen hegt. *Er würde am liebsten einen richtigen Schneesturm bei uns haben wollen.* Doch gleich nach dem Schneesturm – dem meteorologischen Ereignis seiner Träume – ist Eis das Nächstbeste. Er hätte sich nie verziehen, sich das nicht aus nächster Nähe anzusehen. Doch nur ein paar Augenblicke, nachdem er die Tür hinter sich geschlossen hatte, steckte er den Kopf wieder zur Tür herein.

„Komm mit mir nach draußen", rief er. Ich aber hatte mit einem kurzen Blick genug gesehen: Es sah furchtbar kalt und schrecklich aus da draußen. Also schüttelte ich den Kopf und sank tiefer in meine Decke auf der Couch.

„Nein, mir geht's gut, danke." Im Ernst, es war so gemütlich hier drinnen, so warm und kuschelig. Ich fühlte mich wohl in meinen flauschigen Socken.

„Bitte komm! Ich möchte so gern, dass du das erlebst!", drängte Tom mit funkelnden Augen.

Seufzend legte ich mein Buch auf das Kissen, stand auf und zog brav einen dicken Mantel und Schuhe an. Grayson und Meghan sahen amüsiert zu mir rüber. Sie kannten die Wetterbesessenheit ihres Vaters und hatten am Morgen bereits unsere selten benutzten Plastikuntersetzer für Blumentöpfe hervorgeholt, um mit ihnen die Hügel hinabzurodeln. Ich folgte Tom also in den eisigen Abend hinaus, und er legte sogleich den Arm um mich, als wir durch das knackende Gras stapften.

„Rachel, das *musst* du sehen!", sagte Tom. Während solcher Wetterereignisse verhält er sich immer wie ein Kind. Ich musste lächeln. Ich kann nie umhin, mich von seiner Begeisterung für solch einfache Dinge anstecken zu lassen.

Er holte seine Taschenlampe hervor und richtete den Strahl auf die Bäume. Sie schimmerten im Licht, ihre glitzernden Eisschichten funkelten und strahlten um die Wette. Die Eiskugeln, die an den Zedern hingen, klangen wie Tausende perlenbesetzter Kleider, als sie in der kalten Brise der Nacht hin und her schwangen.

Er hatte recht. Es lohnte sich herauszukommen. *Und es kostete keinen Penny!*

„Nun", sagte Tom, „pass gut auf!" Mit einer großen Geste richtete er den Lichtstrahl auf die Weide, wo das Wintergras gefroren in seinem Eismantel stand. Jedes Blatt, jede Pflanze, jeder Stiel war ein Bild zauberhafter Vollkommenheit, wie von einem schimmernden Feendunst gegen den schwarzen Himmel eingehüllt.

„Ohhhh", seufzte ich. Es sah einfach fantastisch aus. Wir standen einfach nur da und waren überwältigt von all dieser Schönheit und genossen sie in der uns umgebenden Dunkelheit. Tom lenkte den Lichtstrahl langsam über das kleine Feld und auf die Scheune. Der Lichtkegel berührte das Gras und Gebüsch und entzündete eisige Funken auf seinem Weg. Plötzlich aber tauchte ein dunkler, zotteliger Klumpen im Lichtkegel auf. Tom fuhr zurück. *Was war das?*

Flash! Unser Esel stand sichtlich zusammengekauert außerhalb der Scheune, mitten im Eisregen. Er hob seinen schweren

Kopf und starrte uns an, so als wollte er sagen: *„Hm? Was ist denn das?"* Er kam auf uns zu, und wir konnten sehen, dass auch er von einer dicken Eisschicht bedeckt war. Allerdings sah der Eismantel auf Flash längst nicht so glamourös aus wie der auf den Zedern. Verkrustete gefrorene Schmutzkugeln hingen an seinem langen Winterfell und eine Masse schlammiger Eiszapfen baumelte von seiner Mähne herab. Er war ein einziger kalter Schmutzklumpen.

„Flash, was machst du nur?", schimpfte ich mit ihm. „Warum bist du nicht in der Scheune, wo es trocken und warm ist?" Ich hatte früher am Tag nach ihm gesehen und mich vergewissert, dass genug Heu in seinem offenen Stall war. Ich hätte nie damit gerechnet, dass er beschließen könnte, den Elementen zu trotzen.

Flash kam auf das Gatter zu und warf mir einen kläglichen Blick zu, als wollte er sagen: „Bitte lasst mich in euer gemütliches Haus, um mich aufzuwärmen."

Nun, *das* würde selbstverständlich nicht geschehen, doch bevor ich meinen Mund öffnen konnte, um ihm den Kopf zurechtzurücken, drehte sich Tom zu mir und sagte: „Geh schon mal ins Haus zurück. Ich werde dem armen Kerl ein wenig Hafer geben."

„Er wird glauben, dass du ihn auch noch belohnst", rief ich hinter ihm her, aber es half nichts. Mein Mann war bereits unterwegs, um sich um das vereiste Tier zu kümmern, das offenbar nicht wusste, wie es dem Eisregen entkommen sollte. Ich schüttelte den Kopf. *Ach, Flash! Du bist ja furchtbar süß, aber wo ist heute dein gesunder Eselsverstand geblieben?*

Tom pfiff, was sein persönliches Signal für Flash geworden war, und Flash folgte ihm über die gefrorene Wiese zur Scheune. Sobald Flash sicher in seinem Stall stand, gab Tom ihm eine

Handvoll Hafer und eilte anschließend zum Haus zurück, um ein paar Gegenstände zu holen: Handtücher, Decken... und einen Fön. Er kehrte damit zur Scheune zurück, wo Flash unkontrolliert zitterte, während Tom die Eisklumpen aus seinem Fell klaubte und sein verfilztes Fell mit meinen guten Badehandtüchern trocken rieb. Flash war bis auf die Haut durchnässt und unterkühlt. Tom legte einen Arm um seinen Nacken, um ihn zu beruhigen, und schaltete den Fön ein. Das Geräusch erschreckte Flash, und er versuchte, sich loszureißen.

„Es ist alles in Ordnung, Flash. Wir müssen versuchen, dich trocken zu bekommen." Tom begann, Stück für Stück Flashs Fell mit dem Fön zu trocknen.

Flash gewöhnte sich schließlich an das surrende Geräusch, entspannte sich und ließ sich die warme Luft über seinen Körper blasen. Vorsichtig versuchte Tom, das verfilzte Fell zu entwirren, und massierte Flashs Körper mit seiner Hand. Der Esel genoss die Behandlung offensichtlich; er kooperierte jedenfalls, indem er den jeweils zu bearbeitenden Körperteil in Toms Richtung drehte. Er kaute langsam auf dem Heu und machte jedes Mal eine Pause, wenn Tom eine besonders sensible Stelle berührte. *Direkt über dem Schweif? Oh ja, bitte.*

Nachdem Tom die lange Fönfrisur-Behandlung beendet hatte, fühlte sich Flashs Fell weich und flauschig an. Es kringelte sich sogar glänzend über seinen Rücken. Schließlich befand Tom, der Esel sei trocken genug, um ihm eine dicke Decke (auch eine von meinen guten Stücken) aufzulegen und ihn für die Nacht sich selbst zu überlassen.

„Na, geht's dir besser, Kumpel?"

Flash stieß einen tiefen Seufzer aus und drückte mit seinem weißen Maul gegen Toms Jackenaufschlag. Mit seinen geschlossenen

Augen und ruhenden Hinterfüßen war er ein wunderschöner Anblick schläfriger Dankbarkeit.

Nach einem letzten Streicheln über den Kopf kehrte Tom ins Haus zurück und zog seine schmutzige Jacke aus. Er wusch sich ausgiebig die Hände unter warmem Wasser und berichtete mir, wie es um unseren nun wieder weichen, warmen Esel stand.

„Ich kann einfach nicht begreifen, warum er heute Nachmittag im Eisregen stehen blieb", sagte Tom. „Er hätte es die ganze Zeit über warm und trocken haben können, aber offenbar wusste er nicht, wie er in der Scheune Zuflucht nehmen sollte, die genau vor ihm stand."

Ich nahm den Kessel vom Herd, um eine Tasse mit heißem Kakao zu füllen. „Was hat er sich nur dabei gedacht? Ich war davon ausgegangen, sein Selbsterhaltungstrieb hätte ihn dazu gebracht, in der Scheune zu bleiben." Es war mysteriös. „Auf jeden Fall vielen Dank, dass du dich so um ihn gekümmert hast."

„Das habe ich gern gemacht." Tom nahm die Tasse aus meiner Hand und setzte sich in seinen Sessel. Ich war dankbar, dass er sich um Flashs Wohlergehen gekümmert hatte. Für mich war es heute Nacht einfach zu kalt da draußen. *Brrrr*. Ich wandte mich wieder meinem Buch zu, doch ein Wort, das Tom gesagt hatte, ließ mich einfach nicht los. Ich dachte einen Moment lang nach. Was war es noch gleich?

Zuflucht.

Das war's.

Das war's, was Flash am meisten benötigte, und sie war von Beginn des Eisregens an für ihn verfügbar gewesen. Nur ein paar Schritte hätten ihn in diese Zuflucht geführt, und ihm wäre die gefährliche Situation erspart geblieben, die das Eis und die sinkenden Temperaturen mit sich brachten. Ich sah ihn wieder vor mir, wie er dort stand, von Eiskrusten bedeckt und doch unfähig – oder nicht willens –, in der Scheune Zuflucht zu suchen. Er tat mir leid und gleichzeitig war ich verwirrt. Ich konnte sein Verhalten einfach nicht verstehen.

Ich ließ erneut mein Buch sinken und sah mich plötzlich selbst, wie ich in den dunkelsten Momenten meines Lebens ähnlich draußen gestanden hatte, allein und in der Kälte, genau wie Flash. Natürlich hatte es Zeiten gegeben, wo ich Hilfe brauchte und in Gottes Gegenwart Zuflucht und Trost gefunden hatte. Aber es hatte genauso viele Zeiten gegeben, in denen ich zitterte, weil ich elend einsam dastand. War es möglich, dass ich in diesen Momenten größter Bedürftigkeit dem Trost so nahe gewesen war und es doch nicht bemerkt hatte?

Zuflucht – wahre Zuflucht angesichts der Herausforderungen des Lebens – kann nur in Gott gefunden werden. *Ich weiß das.* Wie kommt es dann, dass ich in Momenten, da es für uns wirklich schwierig wurde, als Erstes den Drang verspürte, einkaufen zu gehen und mir eine neue Tasche zu leisten? Und außerdem etwas völlig Dekadentes zu essen, zum Beispiel ein Dessert mit geschmolzener Schokolade und Eiscreme? Als ob ich im Einkaufszentrum Trost finden könnte. Oder genauer gesagt in der Gastronomieetage des Einkaufszentrums? Oder in beiden?

Manchmal bestand meine Zuflucht auch darin, mich auf Facebook oder Twitter zu verlieren. Oder ausgiebig über Google nach Haarmode zu suchen oder Einkäufe auf Amazon zu tätigen. Ich habe mich selbst nie für Alkohol begeistern können, aber es scheint, als diene er vielen Menschen als vermeintlich wirksames Mittel, wenn es darum geht, Schmerz zu betäuben. Ich habe festgestellt, ich verfüge über eine ganze Palette von Techniken, um Stress und Lebensstürme zu bewältigen, doch in Wahrheit sind sie alle nur ein Ersatz für echten Trost. Eine vorübergehende Erleichterung meiner tiefer liegenden Probleme. Sie sind Täuschungen, die echt aussehen, aber am Ende nicht funktionieren. Letztlich gibt es aber keinen Ersatz für das Echte.

Die Bibel weiß so viel über das Echte für unser Leben zu sagen. Auf ihren Seiten können wir die wahre Zuflucht finden. Und das ist eines der Themen, bei denen ich die Ohren spitze, vielleicht, weil ich Zuflucht so oft brauche.

Zuflucht – Trost für die eigene Seele – ist eines unserer tiefsten menschlichen Bedürfnisse. Wir sehnen uns danach. Und wenn wir darüber nachdenken, warum wir Dinge tun, wie wir sie tun, dann wird uns bewusst, dass die meisten Aktivitäten in der Welt von diesem Bedürfnis motiviert werden.

Man könnte Zuflucht auch als Schutz vor Gefahr oder Bedrängnis bezeichnen, als eine Quelle der Hilfe, der Erleichterung oder des Trostes in Zeiten der Not. *Zuflucht* bedeutet praktisch:

Geborgenheit: Schutz vor den „Stürmen des Lebens", die von außen auf uns einwirken.
Sicherheit: Die Befreiung von Angst, um aufblühen zu können.
Bedeutung: Vertrauen haben in meinen Platz in dieser Welt; meinen Beitrag.
Versorgung: Für meine physischen, emotionalen und spirituellen Bedürfnisse ist gesorgt.
Zugehörigkeit: Ich weiß, dass ich zu etwas gehöre, das größer ist als ich selbst.

Ich musste an Zeiten denken, in denen ich eine gewisse Unruhe und ein Unwohlsein empfand, ohne genau den Finger darauf legen zu können. Und es gab da auch eine große Müdigkeit, die sich bei mir eingenistet hatte, wie an jenem Abend, als Flash bei uns auftauchte. Irgendetwas schien mir zu fehlen, aber was genau? Ich bewegte mich im guten Rhythmus meiner Rolle als Mutter und Ehefrau, der Arbeit und des Dienens, und doch hatte ich irgendwie das Gefühl, dass sich mittendrin ein Loch befand. Vielleicht war es der Aspekt „Bedeutung" oder der Aspekt „Zugehörigkeit", der mir fehlte, und ich sehnte mich innerlich nach einer Art Zuflucht.

Und dann gab es auch andere Zeiten, in denen die Umstände des Lebens so schmerzlich waren, dass ich es kaum ertragen konnte, und wo die Wellen des Unwohlseins zu einer verzweifelten Sehnsucht nach Trost führten.

• • •

Ich war schon fast vierzig, als mir zwei blassrosa Striche auf dem Indikator des Schwangerschaftstests anzeigten, dass ich schwanger war – zehn Jahre, nachdem unser jüngstes Kind zur Welt gekommen war sowie fünfzehn und siebzehn Jahre nach unseren Töchtern. Nachdem die erste Überraschung (und – um ehrlich zu sein – *Panik*) überstanden war, setzte eine freudige Aufregung ein. Wir hatten uns lange nach einem weiteren Kind gesehnt, darauf gehofft, doch den Gedanken daran schließlich aufgegeben.

Ich war begeistert, noch einmal ganz neu das Muttersein zu erleben. Ich liebte die Baby- und Kleinkindjahre und konnte es kaum glauben, dass wir mit einem vierten Kind gesegnet wurden. Und sowohl meine Schwester als auch meine Schwägerin erwarteten zur selben Zeit ein Baby! Wie groß ist die Wahrscheinlichkeit, dass so etwas eintrifft? Wir überraschten meine

Mutter am Muttertag durch drei aufeinanderfolgende Anrufe mit den Neuigkeiten. Die ganze Familie war in heller Vorfreude.

Doch dann kam unsere Aufregung jäh zum Erliegen.

„Es tut mir so leid", sagte die Ärztin mit Tränen in den Augen, während sie mit dem Ultraschallgerät über meinen Bauch fuhr. Mein Herz pochte mir bis zum Hals, als ich fest Toms Hand in dem kleinen Untersuchungszimmer umklammerte. Wir sahen auf den schwarzen Bildschirm, versuchten verzweifelt, irgendeine Bewegung wahrzunehmen. Doch da war nichts. Nur eine winzige, leblose Form, die unser Baby gewesen war.

Ein paar Wochen zuvor wollte ich der Monotonie eines langen, heißen Sommertages etwas Abwechslung verschaffen und war mit Grayson zur Videothek gefahren. Unterwegs war unser Wagen von einem unaufmerksamen Fahrer auf der Gegenfahrbahn frontal getroffen worden. Wir konnten von Glück sagen, dass wir unverletzt aus dem Wrack steigen konnten, und ich fuhr sofort zum Arzt, um sicherzugehen, dass es auch meinem Baby gut ging. Was für eine Erleichterung, sein Herzschlag war noch da! Aber es blieb nicht dabei.

„Plazentaablösung", wurde es später genannt, infolge eines Traumas. Der Boden schien sich unter mir zu öffnen und der Schock und die Trauer ließen den Raum sich um mich drehen.

Man gab mir vierundzwanzig Stunden, um den Abort zu verdauen, bevor sie die Wehen einleiteten. Anschließend schickten mich die Ärzte nach Hause, damit ich mich ausruhte, und sie sagten mir, dass bald alles vorbei wäre. Sie sagten, es sei „der Weg der Natur" und ich könnte noch andere Babys bekommen, keine Sorge. Sie klärten mich aber nicht darüber auf, dass ich zutiefst verzweifelt weinen würde, dass ich mich schrecklich allein fühlen, dass mein Herz brechen würde, während ich wartete. Sie sagten mir auch nicht, dass die Wehen, in dem Wissen, dass ich am Ende kein Baby im Arm halten würde, schrecklich sein würden. Sie bereiteten mich auch nicht darauf vor, dass ich trotzdem einen Milcheinschuss bekommen würde und dass ich – da ich kein Baby zum Stillen hatte – schluchzend in der Dusche kauern würde, bis ich nicht mehr schluchzen konnte. Niemand sagte mir all diese Dinge.

Andererseits, wer kann einen schon auf eine solche Enttäuschung, diesen enormen Schmerz vorbereiten?

Tom und ich sahen unseren kleinen Jungen im Kreißsaal. Wir nannten ihn Collin. Collin war wunderschön. Einfach perfekt. Es gab eine kleine Beerdigung mit einem winzigen Sarg unter einer Markise im Regen... und so viele Fragen. Ich wünschte mir, Gott hätte uns in Ruhe gelassen. Wir waren so glücklich mit drei wundervollen und gesunden Kindern gewesen – warum um alles in der Welt hatte er uns Collin auf so grausame Weise weggenommen und nur so getan, als hätte er ein weiteres, kostbares Geschenk für uns?

Monatelang brach ich immer wieder in Tränen aus, völlig unerwartet, wenn ich Geschirr wusch oder Wäsche faltete oder über die Landstraße fuhr, wo der Unfall passiert und meine kleine, glückliche Welt in Scherben zerbrochen war. Ich konnte es nicht ertragen, in den Ferien meine Familie zu besuchen; allein der Gedanke an den schwangeren Körper meiner Schwester und meiner Schwägerin war zu viel für mich, und so blieben wir zu Hause. Ich hatte ständig einen Kloß im Hals und schloss meine Augen, um nicht an dieses wunderbare kleine Leben zu denken – die winzigen Finger und Zehen und den Bauchnabel –, das wir nie kennenlernen würden.

Ich brauchte dringend eine Zuflucht. Trost in meinem Kummer, der mich zu verschlingen drohte. Und so klammerte ich mich an Psalm 34,19 – *„Der Herr ist denen nahe, die verzweifelt sind, und rettet diejenigen, die alle Hoffnung verloren haben"* – wie auch an Psalm 145,14 – *„Wer keinen Halt mehr hat, den hält der Herr; und wer am Boden liegt, den richtet er wieder auf"* – und bat Jesus um seine Nähe. Doch an den meisten Tagen konnte ich seine Gegenwart nirgends spüren. Dennoch war da *etwas* gewesen, das mir während der langen Nacht vor der Entbindung einen winzigen Hoffnungsschimmer, eine Ahnung von der Zuflucht gegeben hatte; und dieses *Etwas* trug mich irgendwie. Es war unerklärlich.

Es geschah, als der alte Radiowecker neben meinem Bett sich zu einem Zeitpunkt anschaltete, den niemand zuvor programmiert hatte. Während ich herauszufinden versuchte, warum das Radio zu dieser seltsamen Zeit anging, wurde ein Lied von Fernando Ortega übertragen. *„Jesus, King of Angels"* umhüllte mich wie warmer Honig. Ich kann es anders leider nicht beschreiben. Ich lag ganz still da, als diese Worte sich sanft ihren Weg in meine Seele bahnten und sich dort einnisteten.

Die Worte erinnerten mich daran, dass der unendliche Gott des Universums sich um jeden Spatz kümmert, der auf die Erde fällt. *Mein Baby. Oh, mein Kleines.* Er sorgte sich um alle meine unruhigen Gedanken und er würde bei mir sein und mich in seinem Frieden bergen. Die Schlussakkorde der Gitarre verklangen.

Ich weinte Tränen, viele Tränen. Mein Kissen war von ihnen durchtränkt. Ich lag in den Stunden vor der Dämmerung da und sehnte mich nach dem Baby, das ich in Kürze zur Welt bringen und doch nicht kennenlernen würde. Ich fürchtete mich vor den Stunden, Tagen und Wochen, die auf mich zukamen. Und doch klang das Lied immer und immer wieder in meinem Herzen nach, als die dunklen Tage kamen. Es erinnerte mich an Gottes Gegenwart, auch wenn ich ihn nicht wirklich spürte und nicht verstand, warum alles so gekommen war.

Das Lied deutete auch eine Verheißung an, dass ich eines Tages wieder Gottes Güte preisen würde, dass es Trost geben würde, mitten in meiner Asche. Und die immer wiederkehrende Melodie zog mich die letzten Meter in die Zuflucht hinein, die sich direkt unter mir befand. Ich war im Warmen angekommen, sicher und geborgen, mitten im Schmerz.

Genau wie Flash in jener kalten, eisigen Nacht.

• • •

Ich ging zum Fenster, das von einer feinen Eisschicht überzogen war. Ich konnte draußen den gelben Schein der Stalllichter sehen, die die Dunkelheit durchbrachen und sich über den gefrorenen Boden ergossen. Und ich spürte tief in meinem Herzen, dass Gott mich einmal mehr ganz nahe an sein Herz zog, ungefähr so wie es in Psalm 91,1–2 steht:

„Wer unter dem Schutz des Höchsten wohnt, der kann bei ihm, dem Allmächtigen, Ruhe finden. Auch ich sage zum Herrn: ‚Du schenkst mir Zuflucht wie eine sichere Burg! Mein Gott, dir gehört mein ganzes Vertrauen.'"

Ich barg mich tief unter seinen Schutz, und ich beschloss, seiner Fürsorge zu vertrauen. Ich nahm seinen Trost in Anspruch. Ihn als Zuflucht. Seine Geborgenheit. Seine Burg.

Gott ist immer bei uns, auch wenn wir ihn nicht fühlen oder sehen können. Selbst dann, wenn wir unsere Umstände selber nicht begreifen können. Vielleicht versuchen wir eine Million anderer Dinge, um unsere Leere zu füllen und Zuflucht vor unseren Stürmen zu finden, doch es gibt keinen Ersatz für das Echte. Nur Gott kann unsere wahre Zuflucht sein.

Wie oft bleiben wir draußen in der Kälte, obwohl uns die Zuflucht in unmittelbarer Reichweite zur Verfügung steht? Manchmal sind nur ein paar zusätzliche Schritte erforderlich – dann sind wir in Gottes Armen, von seiner Fürsorge umgeben und von seinem Trost getragen.

Er hat alle frischen Handtücher und Decken, die wir brauchen.

....

Machen Sie sich bewusst, wo Sie wahre Zuflucht finden. Echte Geborgenheit ist nur in Gott zu finden.

....

4.

Flash rennt mit Pferden

Es war früh am Morgen, als Bridgette anrief. Nach dem höflichen Austausch von „Wie geht es den Kindern?" und „Wie geht es *Hay-soos*" (Augenrollen) kam sie zur Sache.

„Ich habe eine wundervolle Gelegenheit für Sie, Ihre Talente zu entfalten", sagte sie. „Entschuldigen Sie mein Schnaufen und Keuchen. Ich mache gerade meinen *Powerwalk*."

„Kein Problem", erwiderte ich. Ich war noch im Nachthemd, aber das würde mich nicht daran hindern, über Geschäftliches zu sprechen. Ich goss mir eine zweite Tasse Kaffee ein und schnappte mir einen Schokoladenkeks.

Ich erfuhr, dass Bridgette und Steve den Auftrag bekommen hatten, den Bau eines Firmengebäudes in Fort Worth zu entwerfen und zu beaufsichtigen. Das Projekt umfasste auch ein Restaurant und ein Callcenter.

„Das wäre *perfekt* für Sie und Tom", fügte Bridgette begeistert hinzu. „Es ist nur eine große, leere Leinwand und Ihre Kreativität wird sie zum Leben erwecken. Wir brauchen eine maßgeschneiderte Inneneinrichtung, aufeinander abgestimmte Wanddekorationen, Beschilderungen und Möbel. Wir würden euch beide gern dafür engagieren, das FF&E zu leiten."

Bridgette fuhr fort, sie erklärte bestimmte Punkte und beschrieb ihre Vision des Raums und ihre überschwängliche Stimme füllte meine Ohren. Aber ich konnte ihr nicht folgen. Ich war immer noch bei „FF&E" stehen geblieben. FF&E? Nie gehört. Waren es einzelne Buchstaben oder ein Wort, das man *effeffeny* aussprach? Ich wollte nicht dumm dastehen, also spielte ich mit, während sie weitere Abkürzungen zum Besten gab, von denen sie offenbar annahm, ich würde sie kennen. Ich versuchte, so viel wie möglich zu verstehen, und machte mir wilde Notizen, um später alles irgendwie nachlesen zu können.

„Wow, das klingt nach einem großartigen Projekt", sagte ich selbstbewusst. „Wir würden sehr gern daran teilnehmen." Bridgettes Energie und Begeisterung waren ansteckend, und irgendwie trug sogar ihre Verwendung von Insiderbegriffen dazu bei, dass ich mich bereit fühlte, es mit der ganzen Welt aufzunehmen. Unsere Selbstständigkeit als Maler dümpelte vor sich hin, und hier ergab sich genau die Abwechslung, auf die wir gehofft hatten. Wir vereinbarten, wann wir uns an der Baustelle treffen wollten, und beendeten das Gespräch.

Mir rutschte das Herz in die Hose. Der Gedanke daran, persönlich einem Kunden eigens entworfene Ideen zu präsentieren, traf mich plötzlich mit ganzer Wucht. *Was dachte ich mir eigentlich dabei?* Dieser Job schoss weit über alles hinaus, was wir je getan hatten, und ich verstand nicht einmal die Hälfte von dem, was Bridgette mir da gerade erzählt hatte. Die Unterhaltung über das Projekt wurde nicht nur in einer Sprache geführt, die ich nicht beherrschte, ich hatte nicht einmal die passende

Garderobe dafür. Das jahrelange Bemalen von Kinderzimmern und zu engen Badezimmern hatte mich kaum auf FF&E, was auch immer das war, vorbereitet. Es klang so kommerziell und professionell. Das würde nicht gut gehen, das spürte ich. Mein Magen verkrampfte sich.

Zwischenzeitlich hatte Tom unser Zuhause als „eine Art Zirkus" bezeichnet und damit lag er gar nicht so falsch. Es schien nämlich, als ob jedes Tier im Umkreis irgendwann auf unserem Grund und Boden auftauchte: Waschbären, die regelmäßig aus Beaus Futternapf fraßen, Beutelratten, die es liebten, unseren Müll auseinanderzunehmen, Mäuse, Kojoten, Rotluchse, Schlangen, herumstreunende Hunde und Kühe. Sie alle hatten nur Unfug im Sinn und dachten, ihn bei uns anstellen zu müssen. Und als dann ein streunender Esel bei uns auftauchte, schien dies für uns nur ein weiterer Akt in einem Tierzirkus zu sein, der irgendwo schiefgegangen war.

Als der Frühling herannahte, freundete sich Flash mit den recht zahlreichen schwerfälligen Rindviechern auf der Nachbarweide an. Und während wir uns über Esel informierten, erfuhren wir, dass diese Tiere sehr soziale Geschöpfe sind, die am besten mit ihren Artgenossen zusammen gehalten werden. Leider war uns dies aus finanziellen Gründen nicht möglich. Flash würde also eine Weile allein auskommen müssen.

Ist kein anderer Esel verfügbar, kommen Esel auch mit Kühen, Pferden, Schafen oder Gänsen ganz gut klar. Mit allen anderen außer mit Hunden. Jedenfalls war es bei Flash so. Hunde (und Kojoten) sind die natürlichen Feinde des Esels, was erklärte, warum Flash und Beau eine so frostige Beziehung zueinander hatten. Beide hielten voneinander Abstand, und Flash stand jeden Tag am hinteren Zaun, um sich mit den dicken Kühen auf der anderen Seite anzufreunden, statt auf den sabbernden, ausgelassenen Labrador zuzugehen. Den Kühen war das offensichtlich gleichgültig – sie lagen im Gras oder standen auf der Weide und steckten ihren Kopf auf die andere Seite des Zaunes, um dort das „bessere" Gras auf unserer Seite herauszurupfen – und Flash hing bei ihnen herum wie ein alter Kumpel.

Die Tage wurden wärmer und das Leben auf der Weide ging einen gemächlichen Gang. Ich wünschte, ich könnte dasselbe von der anderen Seite des Zaunes sagen, wo die Menschen lebten. Der Zustrom gefräßiger Tiere machte das Jonglieren von Arbeit und Familie noch komplizierter. Es geht doch nichts über das Einsammeln der Inhalte einer von Waschbären geplünderten Abfalltonne, während man sich bemüht, trotzdem noch rechtzeitig am Arbeitsplatz einzutreffen. Das Landleben ist zwar wesentlich schöner als das Leben in der Vorstadt, doch es bringt viel mehr Arbeit mit sich.

Schließlich hatten wir ein Wochenende, das nicht von Hockeyspielen und Fahrten zum Baumarkt ausgefüllt war. Wir konnten endlich einmal unseren eigenen häuslichen Aufgaben nachgehen, und ich widmete mich an der Küchenspüle, die Arme ins Spülwasser versenkt, dem Abwasch vom Vorabend.

Geschirrspülen war keine so schlechte Sache, wenn ich Zeit hatte, dabei aus dem Fenster zu sehen und zu beobachten, wie Grayson seine Angelrute entwirrte und den Angelkasten in den Vorgarten stellte. Beau lag neben ihm und gähnte, völlig entspannt beim Geräusch der Spinnköder und Werkzeuge, die in dem harten Plastikkasten sortiert wurden. Grayson schloss den Deckel und unser großer Hund bellte vor Vorfreude auf den Gang zum Teich mit seinem Jungen. Angel über der Schulter, Angelkasten in der Hand, Hund an der Seite. *Danke, Herr, für diesen Anblick!*

Ich griff nach einem Teller, tauchte ihn ins Wasser und blickte noch immer durch das Fenster zu den Wildblumen jenseits der Weide. Plötzlich wurde die Szene von drei prachtvollen Pferden unterbrochen, die aus dem Wald kamen und auf das vordere Feld trotteten.

Nachdem sie die Lichtung erreicht hatten, senkten sie ihre Köpfe, um zu grasen, wobei sie mit den Schweifen wedelten und die Mähnen schüttelten. Es waren junge Hengste, tolle Geschöpfe: ein schwarzes Pferd mit einer weißen Blesse auf dem Maul; ein Fuchs mit weißen Fesseln und einer langen, schwarzen Mähne und schwarzem Schweif; und ein Pferd mit braunen und weißen Markierungen. Ich hielt unmittelbar mit dem Geschirrspülen inne, um mich vorzulehnen und die atemberaubende Schönheit dieser überraschend aufgetauchten Tiere zu bewundern.

Als Kind war ich derart nach Pferden verrückt, dass ich meinen Eltern den letzten Nerv raubte. Jeden Tag durchforstete ich das Lokalblatt, um das perfekte Pferd für unseren Hinterhof zu finden. Ich war sicher, ich würde eines finden, das so aussah wie das Pferd von *Little Joe* in *Bonanza* – ein wunderschönes Pferd ganz für mich allein. Ich hatte alles genau geplant: Wir würden faule Nachmittage miteinander verbringen, ich würde seinen Schweif flechten und sein Fell striegeln, bis es glänzte, und es würde mich im Galopp über das Land tragen. Ich würde wunderschön und mutig hoch oben auf meinem Ross aussehen, das den Namen *Apache* tragen würde.

Leider lebten wir als Pastorenfamilie in der Stadt und später zogen wir als Missionare nach Mexico City. Weder das eine noch das andere war dazu geeignet, ein Pferd zu halten. Mein Wunsch nach einem Pferd verwandelte sich, während ich älter wurde, in stille Wehmut. Doch als ich diese Pferde jetzt plötzlich vor mir sah, musste ich an meine alte Sehnsucht denken. *Wie schade, dass wir nur einen staubigen Esel haben.*

„Kommt her, seht euch das an!", rief ich Tom und Meghan zu, wobei ich mit den Händen wedelte und Seifenschaum in der Luft versprühte. Sie eilten zum Fenster, um einen Blick auf unsere neuesten vierbeinigen Gäste zu werfen.

„Das sind Russells Pferde." Tom erkannte sie auf den ersten Blick und stieß einen anerkennenden Pfiff aus. „Sind sie nicht prächtig?" Er hielt eine Weile inne und bewunderte die Pferde. „Ich habe seine Telefonnummer. Ich werde ihn anrufen, damit er weiß, dass sie bei uns sind. Aber zuerst werde ich sie auf unserer Weide einschließen, damit sie hierbleiben."

Pferde einzufangen, war unendlich einfacher als einen kleinen Esel. Tom drängte die drei Pferde geschickt dazu, ihm mit seinem mit Hafer gefüllten Eimer zu folgen. Kinderspiel. Meghan öffnete das Gatter, als sie ankamen, und schloss es rasch hinter ihnen. Tom und Meghan kehrten erleichtert ins Haus zurück und Tom rief den Besitzer an.

„Russell kann erst nach der Arbeit mit seinem Anhänger kommen", sagte Tom. Er legte das Telefon hin und fuhr fort: „Sieht so aus, als hätte Flash für den Rest des Nachmittags Gesellschaft."

„Das könnte interessant werden", erwiderte ich. „Ich frage mich, wie er es aufnimmt, seinen Platz mit den anderen zu teilen." Ich ging zum Gatter, um nachzusehen.

Was für ein Anblick!

Die Nachmittagssonne warf einen goldenen Glanz über die Weide und schuf eine Bilderbuchszene, in deren Mittelpunkt die Hengste standen. Tänzelnd und spielend schienen sie mühelos über die Weide zu traben. Es war ein richtiges Pferdeballett! Die

Sonne funkelte auf ihren Muskeln, als sie ihre Köpfe hochwarfen und durch das hohe Gras galoppierten. Ihre wohlgeformten Beine trugen sie über die Weide, während ihre Schweife und Mähnen in purer Schönheit hinter ihnen herflatterten. Es war eine Freude, die Kraft und Anmut dieser Geschöpfe zu betrachten. Wir lehnten uns ans Gatter, die Ellbogen oben aufgelegt und die Füße auf der niedrigsten Sprosse, und genossen das Schauspiel.

In dem Moment zog eine Bewegung von der Ecke der Weide unsere Aufmerksamkeit auf sich.

Flash.

Er stand an dem Platz nahe seinen geliebten Kühen, wo er beim plötzlichen Auftauchen der Hengste verharrt hatte. Er schüttelte seine langen Ohren, so als ob er sich selbst aufwecken müsste. Er bog sich wie ein Verrenkungskünstler, um sein Hinterteil mit den Zähnen zu kratzen, hob einen Hinterhuf an und setzte ihn mit einem dumpfen Schlag wieder ab. Wir sahen, wie er sein Maul hin und her bewegte, während er die Ankunft der neuen Gesellschaft mit seinem Gehirn zu erfassen versuchte. Er blinzelte mit seinen schwarzen Augenlidern, bis er schließlich hellwach war und zweimal hinschaute. Flash sah auf die Pferde, dann auf die Kühe.

Pferde, Kühe. Pferde. Kühe.

Hm.

Ja, Pferde. Definitiv.

Ohne noch einen weiteren Blick zurückzuwerfen, ließ er die Kühe stehen und wandte sich den Neuankömmlingen zu. Einfach so. Die Kühe waren ihm auf einmal völlig schnuppe. Er trottete hinüber, um die neue Gruppe zu treffen.

Flashs spärliche Mähne sträubte sich vor und zurück, während ihn sein typischer Schritt langsam zu dem Trio brachte. Er näherte sich dem glänzenden, schwarzen Anführer und hob seinen Kopf zur Begrüßung. Das Pferd drehte seinen anmutigen Hals, um den kleinen Esel ankommen zu sehen, und gab ein Schnauben von sich. Ha! Wie um seinen Freunden einen Wink zu geben, nickte er in Richtung der gegenüberliegenden Seite der Weide, und die drei Hengste rannten in einer Wolke aus Staub und Hufen davon – gefolgt von Flash, der ihnen hoffnungslos unterlegen war und wie deklassiert wirkte.

Neben den Kühen hatte Flash wie ein königlicher Herrscher gewirkt. Seine intelligenten Augen und sein flinker Verstand hatten die Zuneigung der stumpfsinnigen, wiederkäuenden Kühe gewonnen, die ihm jeden Nachmittag Gesellschaft leisteten. Doch nun, mit der Ankunft der drei Tänzer, wies Flash einige Defizite auf, angefangen bei seiner Statur. Was für stummelartige Beine! Und sein riesiger Kopf wirkte auffallend unproportioniert. Meine Güte, war der groß! Und erst die Ohren – oh, diese Ohren!

Doch Flash kümmerte sich nicht darum. Er schaltete einen Gang höher und lief hinter dem Trio her, das nun am anderen Ende der Weide im Kreis lief. Buckelnd und schreiend holte er sie ein und nahm ihren Takt auf. Sie hielten bei seiner Ankunft inne, so als müssten sie überlegen, ob sie den Neuankömmling aufnehmen sollten oder nicht. *Bitte!* Flash schien mit seinen Ohren zu bitten, die hoffnungsvoll ganz nach vorn gerichtet waren. Ein Hengst wieherte als Antwort. Einer der drei scherte aus und ließ Flash eintreten. Von diesem Moment an war er einer von ihnen:

Die Pferde tänzelten.

Flash tänzelte.

Die Pferde richteten sich auf.

Flash tat es ihnen gleich.

Die Pferde schüttelten ihre Mähne.

Flash ... nun, er versuchte, seine Stehmähne zu schütteln.

Die Pferde glänzten.

Flash glänzte nicht. Er zog eher allen Staub in sein zotteliges, graues Fell.

Doch egal. Flash amüsierte sich köstlich. Er drehte sich im Kreis, tanzte und tollte herum. Er jagte und schnüffelte und scharrte und bäumte sich auf. Er war albern in seiner Ernsthaftigkeit, aber er war Teil des Pferdeballetts – und sein Herz schlug wohl mit jeder Tanzbewegung ein wenig schneller.

Flash explodierte geradezu vor Leben. Jede Zelle seines Körpers stand in Flammen. *Die Seele eines Vollblutpferdes im Körper eines zotteligen Esels.* Was für ein Anblick! Was für ein Tag! Pures Leben. Nie zuvor hatte ich Flash so liebenswert gesehen. Die untergehende Sonne zeichnete einen goldenen Saum um seine Konturen, während sein Schritt sich zu einem eleganten *Adagio* rund um die drei Pferde verlangsamte. Drehen, tanzen, bewegen. Die Kühe schauten ungläubig zu. Was war mit ihrem ruhigen, bescheidenen Freund geschehen? Sie erkannten ihn kaum wieder, mit seinem neuen Selbstvertrauen und allem, was sie sonst noch sahen.

Der Abend legte sich bereits wie ein zarter Vorhang über das Feld, als Russell mit seinem Laster und einem Pferdeanhänger kam, um die fantastischen Gäste einzuladen und nach Hause zu bringen. Die Tür des Anhängers schlug zu, der Motor röhrte und fort waren sie. Flash stand am Gatter, seine Ohren gespitzt. Er zitterte noch am ganzen Körper. Seine Nüstern blähten sich und seine Flanken hoben sich, während er ein Schreien unterdrückte. Er sah dem Laster nach, der um die Ecke bog und verschwand. Etwas war heute mit ihm passiert und selbst *er* wusste es.

Er war verändert.
Er war größer, stärker und kräftiger als zuvor.
Er hatte Selbstvertrauen gezeigt.
Er hielt seinen Kopf höher.
Sein Auftreten war kühner geworden.
Er hatte seine Angst verloren.
Und all das, weil er mit Pferden gerannt war.

Es war, als ob er plötzlich seine eigene Größe entdeckt hätte. Als ob ihm jemand gesagt hätte, dass Esel und Pferde beinahe identisches Erbgut besitzen, dass sie die gleichen Chromosomen haben – tatsächlich zweiundsechzig davon. Der einzige Unterschied zwischen Eseln und Pferden besteht in einem *zusätzlichen* Chromosomenpaar, das Pferde haben und Esel nicht. Ein Extra-Chromosomenpaar, das Flash nicht im Mindesten benötigte.

Ich musste noch lange an Flash und seine Besucher denken.

Vielleicht hatte man ihm sein Leben lang erzählt, dass er es nie zu etwas bringen würde, weil ihm die beiden Chromosomen fehlten, die ihn zu etwas Großem gemacht hätten. Vielleicht hatte er ständig daran gedacht, dass seine Mähne nicht im Wind wehte und dass sein Gang holprig war und wie albern er aussah, wenn er versuchte zu rennen. Vielleicht hatte er sich immer mit Pferden verglichen und jedes Mal den Kürzeren gezogen. Vielleicht hatte ihm niemand gesagt, dass er 97 Prozent der Chromosomen der Pferde teilte ... oder dass Pferde mit nur zwei Chromosomen weniger genau wie er wären.

Vielleicht hatte ihm aber auch niemand gesagt, dass er *über alle Chromosomen verfügt*, die er braucht, um ein vollkommener Esel zu sein.

Ich frage mich, ob Flash bis zu jenem Tag auf die beiden fehlenden Chromosomen fixiert gewesen war, statt sich auf die zweiundsechzig zu konzentrieren, die er besaß. Ich frage mich, ob er so zu sich geredet hatte wie ich zu mir selbst: *Wenn ich doch nur meinen College-Abschluss gemacht hätte.*

Ich frage mich, ob er sich gesagt hatte: Ich bin nicht talentiert genug, um mit den Großen zu rennen. Meine Ohren sind zu groß, mein Kopf ist zu schwer, meine Beine sind zu kurz, mein Schreien ist zu laut.

Ich bin nicht wohlsituiert geboren worden. Auch habe ich kein sonderlich gutes Aussehen. Oder besondere Intelligenz. Ich bin weder elegant noch kann ich tänzeln. Ich glänze nicht. Ich habe keine kaufmännische Ausbildung. Dafür bin ich zu alt. Ich fahre einen alten Ford Explorer. Ich habe nie Kunststunden genommen.

Sich auf die eigenen Mängel zu konzentrieren, hatte Flash dazu veranlasst, bei den Kühen stehen zu bleiben – jenen glanzlosen, mittelmäßigen Charakteren, die sich nicht bewegten und sich nur besseres Gras und mehr Grips wünschten.

Wieder einmal hielt mir mein charmanter Esel den Spiegel vor. Doch dieses Mal erkannte ich, was ein Perspektivwechsel bewirken kann. Vielleicht sollte ich beginnen, mich auf das zu konzentrieren, was ich habe, statt auf das zu schauen, was mir fehlt. *Oh, Flash. Du bist ein Genie.*

• • •

Natürlich ist es eine Sache, etwas zu denken, und eine andere, es auch wirklich zu tun. Das Projekt mit Bridgette war offiziell in die Wege geleitet worden und mein neu erblühtes Selbstbewusstsein wurde direkt auf die Probe gestellt.

„Seien Sie pünktlich um 13 Uhr da", sagte Bridgette, als wir ein weiteres Telefonat über das Innendesign des Firmengebäudes beendeten. „Wir sind im Konferenzraum, und ich habe Ihnen dreißig Minuten im Ablaufplan reserviert, damit Sie dem Vorstand und Bauunternehmer Ihr Projekt vorstellen."

Ach du meine Güte. Das wäre der geeignete Moment gewesen, um Bridgette zu sagen, dass ich eine geradezu lähmende Angst davor habe, in Konferenzräumen vor Vorständen und Bauunternehmern zu sprechen. Selbst vor Gruppen von mehr als zwei Personen habe ich Angst. Meine Kehle schnürt sich dann zu, mein Mund wird ganz trocken und mein Blick verschwommen, bevor ich ohnmächtig werde. Ich stellte mir kurz vor, wie es sich anfühlen würde, wenn ich dabei mit dem Kopf auf dem Tisch aufschlagen würde – ich würde ins Krankenhaus gebracht werden, wo ich mehrere Wochen lang mit einer Schädelfraktur liegen und zu allen Mahlzeiten nur Wackelpudding essen könnte. Der Lichtblick in diesem Szenario war der, dass ich in dem Fall meine Präsentation nicht mehr durchführen könnte und außerdem wahrscheinlich fünf Pfund abnehmen würde.

Ich wünschte, ich hätte all das ausgesprochen. Doch Bridgette war so überzeugend und charmant, dass ich einen Moment lang zuversichtlich war und mich von ihrer Energie mitreißen ließ. Ich tanzte, ein kleines bisschen, und es fühlte sich gut an. Vielleicht sollte ich sie zurückzurufen und ihr sagen, dass ich einen riesigen Fehler gemacht hatte und es nicht schaffen würde, den Termin wahrzunehmen, aufgrund einer Krankheit oder vielleicht eines gebrochenen Beines. Ich konnte womöglich einen Unfall arrangieren oder zumindest einen falschen Gips basteln. Im Basteln bin ich gut. Alles, was mich aus dieser sich anbahnenden *Effeffeny*-Katastrophe herausholen würde, wäre willkommen.

Nein, sagte ich mir selbst. Ich musste da durch. Und in dem Augenblick beschloss ich, mit den Pferden zu rennen. Genug der Kühe. Ich wollte wenigstens einmal versuchen zu glänzen.

Doch das würde einige Arbeit erfordern.

Ich fand bei einem kleinen Straßentrödelverkauf einen Zeichentisch für fünfundzwanzig Dollar und Tom richtete einen Platz dafür auf dem Speicher her. Wir stellten einen alten Computer auf, brachten einige Lampen an und fügten einen Stuhl hinzu. Ich kaufte eine tragbare Archivbox und begann, einige Recherchen im Internet durchzuführen. Ich begann mit „FF&E": *Furniture, Fixtures and Equipment* – Inneneinrichtung und Ausstattung.

Das war es also! Ich habe die Aufgabe, mich um die komplette Inneneinrichtung und Ausstattung zu kümmern. Ich verbrachte unverhältnismäßig viel Zeit damit, Recherchen zum Thema „Wie man eine gelungene Präsentation vorbereitet" und auch zum Thema „Furcht überwinden vor Reden in der Öffentlichkeit" durchzuführen. Ich machte dann einen Abstecher zum Kaufhaus, um ein angemessenes geschäftliches Outfit zu erwerben (mit 30 Prozent Preisnachlass) und kaufte im Secondhandladen eine Aktentasche. Ich bat meine Kinder, mir bei der digitalen Bildbearbeitung zu helfen. Ich machte mich mit Architektenzeichnungen vertraut. Die Strähnchen beim Friseur mussten leider warten – Mist!

Doch ich war bereit. Und ich machte mich ans Werk. Tom und ich legten uns mächtig ins Zeug und brachten jede Menge Ideen hervor, die über alles Bisherige hinausgingen und uns dazu brachten, neue Kunstformen zu entwickeln. Und wir erlebten aneinander, wie viel wir schaffen konnten, wenn wir erst einmal aufhörten, uns darauf zu konzentrieren, warum wir es *nicht* schaffen könnten.

Man könnte sagen, dass wir bereits unseren Anteil an Gelegenheiten hatten (das heißt, wir hatten einen regulären Job gegen eine verträumte künstlerische Selbstständigkeit eingetauscht); doch wir hatten auch zugelassen, dass wir es uns mit einer bestimmten Sorte von Projekten bequem gemacht hatten. Mit der Sorte Kunden, von denen wir dachten, wir seien gerade gut genug für sie. Mit der Sorte Aufträge, die nur wenig Präsentationen und Vorschläge in Konferenzräumen vor wichtigen Leuten erforderte. Wir waren passiv geworden und hatten es versäumt, uns nach mehr auszustrecken. Wir hielten uns an kleine Dinge und gingen auf Nummer sicher.

Wir hatten dem, was uns fehlte, mehr Bedeutung zugemessen als dem, was wir besaßen, und so waren wir in die Mittelmäßigkeit geraten und dort stehen geblieben.

Flash hatte uns um Längen geschlagen.

Sehen Sie, wenn jemand das Gatter öffnet und Ihnen die Chance gibt, mit Pferden zu rennen, dann müssen Sie eine Entscheidung treffen. Sie können dort bleiben, wo Sie sind – wo Sie es bequem haben, ohne Herausforderungen und von einem anderen Leben träumen – oder Sie können vorwärtsgehen und beschließen, dass dies *Ihr* Moment ist. Sie können auf Ihren kurzen, dicken Beinen tanzen und den Staub der anderen auffangen und dabei töricht aussehen. Doch Hauptsache, Sie *tun* es! Darum geht es. Dass Sie Ihr eigenes Vollbluterz entdecken und die Gelegenheit wahrnehmen. Sie tun es. Und Sie rennen mit.

„*Denn wie er es abmisst in seiner Seele, so ist er*" (Sprüche 23,7 ELB).

Wie viele Grenzen haben Sie sich wohl selbst gesetzt, weil Sie die Dinge schlichtweg falsch gedacht, falsch „abgemessen" haben? Vielleicht haben Sie sich auf Fehler in der Vergangenheit konzentriert oder auf all die Talente, die Sie nicht zu haben glauben, oder auf die Fähigkeiten, die alle anderen haben, nur nicht Sie – und so haben Sie sich in eine Position der *Nichtbereitschaft* hineinmanövriert, wenn Gelegenheiten an die Tür klopfen. Sie ziehen die Kühe den Pferden vor, weil Kühe so sicher und zustimmend sind und Sie für großartig halten. Das wirkt zwar cool, doch im Grunde sorgen Sie selbst dafür, dass Sie am Zaun stehen bleiben und das Leben nur vom Seitenrand aus betrachten. Und Sie werden selbst zum Wiederkäuer, der Kommentare über die abgibt, die da draußen etwas fertigbringen.

Sie tun nie etwas, das Ihr Herz zum Rasen bringt oder Ihre Handflächen ins Schwitzen oder etwas, das das Risiko in sich birgt, sich beim Fallen den Kopf anzustoßen. Sie sind beschäftigt und arbeiten hart und denken nie darüber nach, dass Sie Angst davor haben, Ihr Bestes aus sich herauszuholen.

Mit Pferden zu rennen bedeutet, dass Sie sich Ihren Ängsten stellen müssen. Der Angst, töricht auszusehen, zu versagen, in der Öffentlichkeit zu sprechen und Ihre Komfortzone zu verlassen, um sich auf das Unbekannte einzulassen. Vielleicht sogar die Angst vor dem eigenen Erfolg. Es bedeutet, dass Sie das, was Sie haben, als genug für die Aufgabe betrachten und sich dann nach Vorzüglichkeit ausstrecken – danach, das Beste aus sich herauszuholen.

Mit Pferden zu rennen, ist riskant. Ich bewundere Flash für seine mutige Entscheidung, einen Gang hochzuschalten. Er hat mich dazu inspiriert, das Risiko einzugehen, bei meiner Präsentation ein Blackout zu erleben und eine weit geschnittene Hose zu tragen, damit niemand meine zitternden Knie sehen konnte. Ja, mein Blick war ein wenig verschwommen und mein Mund war trocken, doch irgendwie überstand ich die dreißig Minuten in jenem Konferenzraum. Ich konnte mich hinterher zwar an nichts mehr erinnern, doch das war völlig irrelevant. Vielleicht habe ich sogar ein wenig gegeifert. Ich denke lieber nicht daran.

Denn nur eins zählt: Ich entdeckte, dass eine einzige Angst – nämlich die Angst, in der Öffentlichkeit zu reden – mich daran gehindert hatte, in meinem beruflichen und persönlichen Leben voranzukommen. Wie viele Möglichkeiten gibt es, die Moderation einer Gruppendiskussion oder das Lehren einer Klasse oder eine Präsentation zu umgehen? Ich hatte während meines Lebens Hunderte gefunden, um meiner Angst – einem Chromosomenpaar – mehr Bedeutung einzuräumen als den zweiundsechzig Chromosomen. Und diese Angst hatte mich daran gehindert, mein Bestes zu geben; denn niemand wird je dazu aufgefordert, mittelmäßige Ideen zu präsentieren.

Ich beschloss, dies alles zu ändern. Ich würde nicht länger zulassen, dass die Angst mich dazu bringen würde, etwas abzulehnen. Wenn zwischen mir und einer neuen Gelegenheit nur Angst stand, dann würde die Antwort Ja lauten (außer wenn es um das Herausspringen aus einem Flugzeug ginge). Ich würde *Vortrefflichkeit* als meine Waffe wählen, um die Angst zu besiegen, die mich lähmen will. Statt mich auf die Angst selbst zu konzentrieren, würde ich mich darauf konzentrieren, nach meiner Art vortrefflich zu sein und zu handeln. Ich würde aus mir das Beste herausholen und mit Pferden rennen. Was auch immer als Nächstes passieren würde, ich würde mich darauf einlassen.

Vortrefflichkeit – die zusätzliche Meile gehen, alles lernen, was man lernen kann, die Dinge besser tun, als man sie für möglich hält – führt zu Selbstvertrauen, das die Furcht bezwingt. Sie öffnet Türen und schafft Gelegenheiten, die Mittelmäßigkeit und

Angst niemals schaffen können. Und dies stimmt in jedem Bereich des Lebens, nicht nur im Geschäftsleben.

Was würde geschehen, wenn wir aufhören würden, uns vor Familienproblemen zu fürchten, und uns stattdessen darauf konzentrierten, ein vortreffliches Familienleben zu haben? Wenn wir aufhören würden, uns zu wünschen, wir hätten gute Vorbilder gehabt, und stattdessen selbst zu einem guten Vorbild werden?

Stellen Sie sich vor, wir würden aufhören, uns über unser Gewicht Gedanken zu machen und uns stattdessen darauf konzentrieren, gesund zu sein. Wir würden Ernährungs- und Lifestyleentscheidungen treffen, die uns mit Energie erfüllen, sodass wir unsere Welt auf den Kopf stellen.

Was wäre, wenn wir nicht länger fehlende Freundschaften beklagen, sondern uns darum bemühen, gute Freunde für andere zu sein?

Statt uns davon zu überzeugen, dass wir nicht klug genug für jene Beförderung sind, könnten wir uns darauf konzentrieren, die Fähigkeiten und das Wissen zu erwerben, die dafür nötig sind.

Was wäre, wenn wir nicht länger hinten im Raum sitzen bleiben, um unbemerkt zu bleiben, und stattdessen Plätze in der vordersten Reihe aufsuchen, um unsere Hand zu heben und Fragen zu stellen? Wenn wir nicht länger wünschten, wir wären mit künstlerischen Genen geboren, sondern einen Pinsel oder einen Fotoapparat in die Hand nähmen, um herauszufinden, dass man kreative Fähigkeiten erlernen kann? Vielleicht werden wir keine Picassos, doch das spielt keine Rolle. Wir können so viel mehr erreichen, wenn wir etwas *tun*, als einfach nur zuzuschauen.

Wenn wir etwas *tun*, dann versuchen wir, weiterzukommen und mehr zu erreichen, als wir für möglich gehalten hätten.

Handeln führt uns zur Vortrefflichkeit und macht das Unmögliche möglich.

Rennt man mit Pferden, geht man das Risiko ein, zu straucheln und töricht auszusehen... Doch machen Sie weiter! In Ihrem Innern ist Größe, die auf eine Gelegenheit wartet, auszubrechen und Staub aufzuwirbeln. Sie werden sich ausstrecken und herausgefordert und angeschoben werden, weil die Latte höher angesetzt wurde. Sie müssen tief ausholen, um herauszufinden, was in Ihnen steckt.

Doch Sie können das schaffen. Machen Sie sich bewusst, was Sie haben.

Das, was Sie perfekt macht.

So wie Flash.

So wie ich.

....

Laufen Sie mit den Pferden!
Nach Vortrefflichkeit zu streben, besiegt jegliche Angst.

....

5.

Eine Wiesenromanze

Flashs Streben nach neuen Bekanntschaften befand sich im Aufwind. Kurz nach seinem Tanz mit den eleganten Pferden zogen neue Bewohner auf die Ranch hinter unserem Grundstück, dessen ausgedehnter Besitz an das nördliche Ende von Flashs Weide grenzte, während die Kühe am südlichen Ende weideten. Eine Situation, die für unseren stets neugierigen Flash der ideale Ausgangspunkt war, um ständig zu erforschen, was um ihn herum vor sich ging.

Eines Tages bemerkten wir einige Pferde, die auf der nördlichen Weide grasten. Flash konnte sich nun aussuchen, mit wem er seine Nachmittage verbringen wollte – mit den Pferden oder mit den Kühen. Seine Entscheidung überraschte mich nicht. Sein neu gefundenes Selbstvertrauen sorgte dafür, dass er sich direkt mit den Pferden zusammentat.

„Damit werden Flashs soziale Bedürfnisse wohl erst einmal gestillt sein", sagte Tom, während er beobachtete, wie Flash über den Zaun hinweg seine Nase an der eines Pferdes rieb. „Ich bin tatsächlich erleichtert, er profitiert von den anderen Tieren, ohne dass wir mehr Arbeit und Ausgaben haben."

Flash war überglücklich mit dieser neuen Situation. Er hob seine Oberlippe an, flehmte, zeigte seine Zähne und wiegte seinen Kopf hin und her, um die Pferde zu begrüßen. Störte es ihn, dass er zwischen den Vorderzähnen ein Blättchen hatte? Nein, nicht im Geringsten. Er lächelte einfach und vertraute völlig darauf, dass sein Eselscharme die Stuten nebenan beeindrucken würde, die amüsiert, aber völlig unbeeindruckt zu sein schienen.

„Liebling, lass mich dir helfen, den Laster zu beladen", bot ich an und griff nach einem Plastikeimer voller Farben und Pinsel. Tom war im Aufbruch, um einen Arbeitsmarathon zu bewerkstelligen: Er sollte die Einrichtung bei Bridgettes Projekt vervollständigen. Es sah danach aus, als würde er die ganze Nacht brauchen, um die Frist einzuhalten. Bridgette und Steve hatten sich sehr für uns eingesetzt und die Projektmanager davon überzeugt, dass wir nicht nur gewöhnliche Malereien kreieren und durchführen, sondern uns auch um das Design für die Orientierung im Gebäude kümmern würden.

Wie vermutet übertraf der Job all unsere bisherigen Erfahrungen. Um diese Herausforderung zu meistern, mussten wir eine Menge *learning by doing* absolvieren. Insofern brachte das Projekt manche Talente in uns hervor, von deren Existenz wir vorher nichts geahnt hatten. Wir nahmen die Hilfe unserer Tochter und unseres frischgebackenen Schwiegersohnes in Anspruch, um digitale Bildbearbeitung und Grafikdesign zu lernen. Diese technischen Mittel waren neu für uns, doch die grundsätzlichen Prinzipien und Fähigkeiten, die wir im Laufe der Jahre bei der Kreation von Wandmalereien verfeinert hatten, waren dieselben geblieben. Die Arbeit war wirklich aufregend – wir spürten geradezu, dass wir alles geben mussten, um Erfolg zu haben, und diese Motivation trug uns durch die Wochen der planerischen Gestaltung der Einrichtung hindurch. Wir rannten tatsächlich mit Pferden.

In dieser Nacht beschlossen wir, das Arbeitsvolumen aufzuteilen, um es zu bewältigen, und so blieb ich zu Hause und goss mir eine zusätzliche Tasse Kaffee ein, um noch einige Last-Minute-Zeichnungen anzufertigen, die gebraucht wurden. Um ein Uhr morgens war ich erschöpft, aber gewillt, die Arbeit zu Ende zu bringen.

Dann durchbrach plötzlich das rotblaue Licht eines Streifenwagens die Dunkelheit vor meinem Fenster. Mein Herz geriet ins Stolpern, während ich die Situation einzuschätzen versuchte. So spät in der Nacht kamen sonst nie Autos unsere Zufahrt hinauf und schon gar nicht ein Polizeiwagen! Das verhieß nichts Gutes. Ich spähte durch die Scheibe und sah zwei Hilfssheriffs aus dem Auto steigen und zu unserem Haus kommen.

„Guten Abend", sagte einer der Männer, als ich die Tür einen Spaltbreit öffnete. Vor meinem geistigen Auge ahnte ich, die Schlagzeile zu sehen: „Frau von falschen Polizisten umgebracht" – gefolgt von einer Information mit der strengen Warnung an Frauen, Türen nicht einfach für jemanden zu öffnen, der eine Dienstmarke vorzeigt.

Wie abgesprochen zeigten die beiden Beamten ihre Dienstmarken. Ich war sicher, es waren Mörder – doch ich öffnete die Tür, um es hinter mich zu bringen. Die beiden Männer entsprachen genau dem Bild, das man sich von einem texanischen Hilfssheriff macht: imposant und ernst, mit Bürstenschnitt und mit einer Statur, die auf Gewichtheben und gleichzeitig den häufigen Verzehr von Donuts schließen ließ. Ihre frisch gestärkten

Uniformen spannten über der Brust und im Nu fühlte ich mich von einem abspringenden Knopf mehr bedroht als von einem Revolver. Sie trugen 45er-Colts in ihren Holstern. Und ihr Wagen sah echt aus, mit dem Blaulicht und allem Pipapo.

„Entschuldigen Sie die Störung", sagte einer der beiden. „Ich will direkt zur Sache kommen." Er hielt einen Moment inne. „Besitzen Sie einen Esel?"

Um diese Uhrzeit tauchen die beiden hier mit Blaulicht auf, um mich zu fragen, ob ich einen Esel besitze?

In dem Moment röhrte ein Pick-up den Zufahrtsweg hinauf und hielt hinter dem Streifenwagen an. Zwei Fahrzeuge in einer Nacht? Das war Rekord. Die Tür des Pick-ups schwang auf und ein Mann stolperte heraus, umgeben vom Geruch nach Bier und abgestandenen Zigarren.

„Ja, ja, ich habe einen Esel", erwiderte ich. Ich kniff meine Augen zusammen und dachte: *Was für ein abgekartetes Spiel!* Die beiden falschen Polizisten wiegten mich mit ihren Dienstmarken in Sicherheit, bis der eigentliche Drahtzieher auftauchte und den Job zu Ende brachte. Ich war dem Tod geweiht, so viel stand fest. Wenn ich doch nur Zeit gehabt hätte, den Kindern eine Nachricht zu hinterlassen.

„Nun, dieser Herr", sagte der Beamte und zeigte auf den Mann hinter sich, „sagt, Sie hätten ein Problem."

Ich sah fragend zu dem Neuankömmling hinüber, der nun vortrat, um mich aufzuklären. Da kam mir der Gedanke, in was für einem seltsamen Rechtssystem wir leben, in dem ein „Eselproblem" als wichtiger eingestuft wurde als die Tatsache, dass dieser Mann offenbar unter Alkoholeinfluss gefahren war. *Was ist das nur für eine Gesellschaft? Warum nehmen die Polizisten diesen Mann nicht fest?*

„Ihr Esel", lallte er und zeigte mit dem Finger auf mich, „Ihr Esel ist in mein Gehege eingedrungen und hat meine Stute bestiegen. Ich habe sie von meinen Hengsten ferngehalten und dann kommt Ihr kleiner Esel daher und macht sich an ihr zu schaffen." Er schwankte und fuhr fort: „Ja, er hat sie genommen. Bis ich überhaupt herausfand, dass er da war, rauchten die beiden schon 'ne Zigarette danach, denn die Sache war erledigt."

Ich schaute ihn entsetzt an, während er seine Geschichte abschloss. „Lady, Sie werden ein Maultierfohlen bekommen, denn das passiert, wenn man einen Esel mit einem Pferd kreuzt. Ein Maultierfohlen!" Er stieß verärgert mit dem Fuß gegen den Schotter und stieß noch ein paar weitere Worte in die Luft.

Eine peinliche Pause entstand, während ich nach einer passenden Antwort suchte. Irgendetwas in dem Sinne, dass Flash ein „unreifes" Männchen und noch nicht zeugungsfähig war. Dass er noch zu jung war. Moment mal. War er etwa geschlechtsreif geworden, während Tom und ich so völlig von unserem Projekt eingenommen waren und gar nicht auf den Übergang zur Adoleszenz geachtet hatten? *Oh, oh.*

Der Beamte räusperte sich und fragte: „Sie werden ihn noch heute Nacht zurückholen?"

Ich sagte: „Heute Nacht? Ich kann ihn nicht mitten in der Nacht nach Hause ziehen. Kann das nicht bis morgen warten? Die Sache ist geschehen, warum also die Eile?"

Der Beamte sah den Mann an. Der Pferdebesitzer zuckte die Schultern, er hatte sich plötzlich beruhigt. Er kehrte zu seinem Pick-up zurück, ließ sich hinter das Lenkrad sacken und sagte nur noch: „Holen Sie ihn morgen. Es ist sowieso zu spät."

• • •

Der Morgen dämmerte bereits, als Tom völlig erschöpft neben mir ins Bett fiel. Ich beschloss, mich selbst um Flash zu kümmern; ich sagte also nichts, als ich Tom noch einmal mit der Bettdecke zudeckte, bevor ich auf leisen Sohlen aus dem Zimmer schlich. Ich würde ein paar Hilfsmittel benötigen und so fuhr ich zunächst zur nahe gelegenen Tierhandlung.

„Bitte geben Sie mir das breiteste Halfter, das Sie haben", sagte ich zu der Frau hinter dem Tresen. Ich klatschte mit der Hand auf den Tresen und sah mich im Laden um, als ob ich genau Bescheid wüsste.

„Gern. Was haben Sie denn, einen Brabanter?", fragte sie Kaugummi kauend, während sie die Größe mit einer Hand über ihrem Kopf andeutete.

Ich seufzte. „Nein, nur einen kleinen Esel… mit einem riesigen Kopf." Ich hielt meine Hand in Brusthöhe. „Ich muss ihn vom Grundstück unseres Nachbarn wegholen, deshalb brauche ich auch noch ein wenig Hafer und ein Seil."

In dem Moment klingelte mein Handy. Es war meine Freundin Priscilla. Wir hatten uns vor einigen Jahren kennengelernt, als sie meine Visitenkarte gefunden und mich für die Malerei ihres Kinderzimmers engagiert hatte. Wir verstanden uns sofort prächtig und verbrachten so viel Zeit mit Schwatzen, dass der für eine Woche geplante Auftrag insgesamt drei Wochen dauerte. Unsere völlig verschiedenen Berufe, Ethnie und Jahreszeit des Lebens spielten überhaupt keine Rolle, als wir auf dem Boden des Kinderzimmers saßen und einen wunderschönen Raum für das Baby erträumten.

Später hielt sie mit mir Kontakt und allmählich wurden wir richtige Freundinnen. Mit der Zeit gehörte sie für mich zur Familie. Sie hatte mittlerweile zwei Babys, und ich hoffte sie davon überzeugen zu können, dass sie und ihr Mann aufs Land ziehen sollten, um die Kinder dort großzuziehen. Ich dachte, ein Haus in unserer ruhigen Straße wäre der perfekte Ort für sie.

„Was machst du gerade?", fragte sie. Ich begann, ihr die Sachlage zu erklären, und noch bevor ich fertig war, sagte sie: „Ich bin schon unterwegs", und legte auf. Priscilla war immer für ein Abenteuer zu haben und wie hätte sie besser in das Landleben eingeführt werden können als durch das Einfangen eines verirrten Farmtieres?

Die Augustluft war bereits drückend, es würde ein heißer Tag werden. Vom ohrenbetäubenden Lärm der Zikaden begleitet machten Priscilla und ich uns auf den Weg zum hinteren Gatter der Weide, das von meinem kostbaren, kleinen Esel aus den Angeln gehoben worden war. *Du liebe Zeit!*

Wir gingen weiter und stießen auf einen kaputten Zaunpfosten, ein wenig später fanden wir einen weiteren. *Um Himmels willen!* Ich fragte mich, in welchem Zustand ich Flash vorfinden würde. Wir entdeckten ihn schließlich versteckt im Gehege gleich neben seiner Geliebten. Er war erschöpft von der Nacht, in der er durch Stacheldraht gedrungen und ihr seine Liebe gezeigt hatte.

Ein einziger Blick genügte, der mir klarmachte, dass er nicht so einfach mitkommen würde. Er hatte denselben trotzigen Eselsblick wie in jener Nacht, als er bei uns aufgetaucht war. „Zwingt mich doch", sagte dieser Blick.

Wir legten ihm das Halfter um und begannen, schmeichelnd auf ihn einzureden.

Flash reagierte nicht. Wer konnte es ihm verübeln? Die langbeinige Stute, in die er sich verguckt hatte, war bezaubernd. Sie war schokoladenbraun mit einer schwarzen Mähne und einem schwarzen Schweif. Sie war eine rassige Füchsin und er ein liebestoller Eselsjunge. Er war hoffnungslos verliebt in sie. Sie dagegen war weniger in ihn verliebt als in die Idee, bewundert zu werden. Sie warf den Kopf hin und her, tänzelte mit den Hufen und akzeptierte diese einseitige Beziehung mit ihrer Körpersprache. Für Flash war das genug; er war fest entschlossen, dieses hauchdünne Band zu festigen. Mit gesenktem Kopf schrie er plötzlich seine Opposition gegen unseren Plan, ihn zurückzuholen, heraus.

Flash weigerte sich, seine Freundin zu verlassen, die wir flugs „Maria" nannten, nach der Hauptfigur in *West Side Story*. Denn bei der Aussicht, zur Trennung gezwungen zu werden, mischte sie sich nun ein. Sie wieherte in seine Richtung und lief in ihrem Gehege vor und zurück, während wir Flash Zentimeter um Zentimeter von ihr wegzogen. Doch unser langes Schieben, Ziehen, Streicheln, Flehen und Anbieten von Leckereien erzielten nur sehr wenig Fortschritt. Wir befanden uns noch immer auf dem Grund und Boden unseres Nachbarn, auf halbem Weg zum hinteren Gatter, in einer ausweglosen Situation mitten in der sengenden Sonne.

„Wir haben alles versucht", sagte Priscilla, während sie sich den Schweiß von der Stirn strich. „Das Einzige, was wir noch nicht ausprobiert haben, ist dies: Das Seil fallen zu lassen und zu sehen, ob er uns aus eigenem Antrieb folgt." Sie erinnerte mich daran, dass Flash uns ja unter normalen Umständen wie ein Hund folgt. Er konnte es nicht ertragen, abgehängt zu werden.

„Stimmt", sagte ich ohne Überzeugung, jedoch willens, alles auszuprobieren. „Wir können es versuchen. Was haben wir noch zu verlieren?"

Also ließen wir das Seil los und drehten uns um, um nach Hause zurückzugehen. Wir gingen kleine Schritte vorwärts und spähten über die Schulter, um zu sehen, was Flash tat.

„Wir gehen fort. Wir gehen fort", betonte ich zusätzlich, nur für den Fall, dass Flash nicht bemerkt haben sollte, dass wir fortgingen.

„Und wir gehen fort."

Zu unserer Überraschung dachte er nur einen Moment darüber nach, dann setzte er seine Hufe in Bewegung und folgte uns. Aus eigenem Antrieb. Ohne Zuckerbrot und Peitsche. Er folgte uns einfach. Ich vermute, er war bereit zu kooperieren, solange er den Eindruck hatte, dass es seine eigene Idee war.

Flash schritt lässig hinter uns her, so als ob wir einen Sonntagsspaziergang machten. Vielleicht wusste er, dass es einfach an der Zeit war, nach Hause zu gehen. Vielleicht plante er aber auch insgeheim zurückzukehren. Wie auch immer, wir improvisierten eilig, um das beschädigte Gatter hinter uns zu verschließen, und Priscilla hielt kurz an, um die Kraft und Entschlossenheit zu bewundern, die Flash an den Tag gelegt hatte, um das Gatter zu durchbrechen. „Der Junge hatte Leidenschaft. Er wusste, was er wollte, und hat dafür alles aus dem Weg geräumt", kommentierte sie. „Das hätte ich nie geglaubt, wenn ich es nicht mit eigenen Augen gesehen hätte."

Als ob er wusste, dass wir über ihn sprachen, zuckte Flash bescheiden seine Eselsschultern und senkte den Kopf ins Gras, um laut zu kauen. Sein Streifzug in die Romantik schien für den Moment vergessen zu sein. Beau trabte herbei, um seine Meinung über Flashs Eskapade kundzutun, und bellte seine moralische Empörung heraus, doch Flash ignorierte diese Kritik völlig.

Priscilla und ich gingen zum Haus zurück, um süßen Tee zu trinken und die Kühle der Klimaanlage zu genießen. Wir waren erleichtert, dass Flash wieder da war, wo er hingehörte. Ich nahm zwei Gläser aus dem Schrank, fand einen Kuli und kritzelte hastig „Entdecke deine Leidenschaft" auf einen alten Briefumschlag, der auf der Anrichte lag. Ich würde vielleicht später darüber nachdenken, doch natürlich vergaß ich es. Für eine ganze Weile.

Allerdings bleibt die Botschaft hängen, wenn man etwas aufgeschrieben hat, selbst dann wenn man vergessen hat, dass man sie überhaupt aufgeschrieben hat. Der Umschlag landete schließlich irgendwann im Papiermüll, doch die gedankliche Notiz, die sich mir eingeprägt hatte, blieb haften und kam mir in seltsamen Momenten wieder in den Sinn – mitten in der Nacht, unter der Dusche, auf dem Weg zum Baumarkt.

„Entdecke deine Leidenschaft."

Flash hatte sicherlich seine Leidenschaft gefunden. Es gab den Bericht des Sheriffs (und ein zerbrochenes Gatter), um dies zu beweisen. Ich betrachtete das mitternächtliche Rendezvous mit der hübschen, kleinen Stute als eine humorvolle Anekdote, die ich auf der nächsten Party zum Besten geben könnte – eine Geschichte, die mit Sicherheit Lacher ernten würde.

Die Notiz blieb mir im Sinn. Und ich fragte mich, ob ich selbst über genug Leidenschaft verfügte, um mit derselben beharrlichen Entschlossenheit vorzugehen, die Flash gezeigt hatte. Es war irgendwie ein beängstigender Gedanke, besonders in meiner aktuellen Situation, da so vieles in meinem Leben verworren und unklar zu sein schien. Mir wurde klar, dass ich mehrere Leidenschaften hatte, die alle für sich nach meiner Aufmerksamkeit suchten und nicht unbedingt ein gemeinsames Ziel verfolgten.

Vielleicht wäre es hilfreich, eine Liste zu erstellen, dachte ich. Ich nahm also mein Notizbuch zur Hand, schlug eine leere Seite auf und dachte kurz nach. Schließlich schrieb ich:

Meine Leidenschaften:

I. Glaube – meine grundlegenden Überzeugungen
Ich setzte dies an die erste Stelle, weil ich annahm, dass Christen das tun sollten. Ich musste daran denken, wie ich in der Sonntagsschule gesessen und auf einem – von einem Tageslichtprojektor – an die Wand geworfenen Bild konzentrische Kreise gesehen hatte: Der Kreis im Zentrum war Jesus Christus und die Kreise darum herum standen für die übrigen Lebensbereiche. *Das machte Sinn. Ja, das sollte das Erste auf der Liste sein, obwohl man meinen könnte, dass sich das von selbst verstand. Aber es würde sich seltsam anfühlen, es nicht so aufzuschreiben. Oder?*

Ich stellte mir erneut die Kreise vor und fragte mich, was passieren würde, wenn ich den Glauben aus dem Zentrum entfernen würde. Was würde ich an die Stelle setzen? Plötzlich schien mir das Leben ohne einen moralischen Kompass und eine beständige Beziehung mit Gott als Zentrum wie ein Abgrund ohne Hoffnung. Wenn mir das Leben schon so verworren und konfus vorkam, so wäre es ohne Gott schlichtweg unmöglich.

Um ehrlich zu sein, fühlte sich das Ganze seit Neuestem mehr wie ein *Wert* als wie eine Leidenschaft an. Doch definiert man Leidenschaft als „eine starke Kraft oder Emotion, die uns antreibt", dann würde der Glaube in diese Kategorie passen. Ich war mir immer noch nicht ganz darüber im Klaren, wie dies praktisch aussehen sollte (z.B.: Wenn der Glaube wirklich eine

Leidenschaft ist, sollte ich mich dann nicht vollzeitlich in einem christlichen Dienst engagieren?). Doch ich setzte den Glauben an die erste Stelle auf meiner Liste und ging zu Nummer zwei über. Vielleicht würde diese kleine Übung mich der Antwort näherbringen.

2. Meine Familie

Das war einfach. Diese Leidenschaft stellte sich an dem Tag ein, als wir unser erstes Baby aus der Klinik nach Hause holten und eine Familie wurden. Ich lag auf dem Bett neben dem perfektesten pinkfarbenen Bündel, das ich je gesehen hatte. Ich wusste in diesem Augenblick, dass alles anders war. Während ich die winzigen Rüschen auf dem Kleidchen, das ihr Papa gekauft hatte, glatt strich, schwor ich mir, die beste Mutter zu sein, die ich sein konnte. Ich würde meine kleine Tochter lieben und hegen, sie anleiten und schützen, was auch immer kommen würde. Und dies sollte auch für künftige Babys gelten.

Meine Leidenschaft für die Familie war entflammt und bestimmte jede nachfolgende Lebensentscheidung: Wo wir wohnen, was wir tun, was wir essen und wie wir unsere Zeit und unser Geld verwenden würden. Mutter zu sein, war kein Hobby oder eine vorübergehende Laune. Diese Rolle nahm einen zentralen Platz ein, sie war eine Leidenschaft, der nachzugehen sich lohnte, auch wenn es Rückschläge gab (wie zum Beispiel zu vergessen, seinen Sohn am ersten Tag in der weiterführenden Schule abzuholen, mit weinenden Kleinkindern und Teenagern die Geduld zu verlieren und an manchen Tagen am liebsten weglaufen zu wollen).

Tief in meinem Herzen hatte ich den Wunsch, unser Zuhause zu einem unvergesslichen Ort zu machen. Einem Zuhause, das unseren Kindern eine feste Grundlage für ihr Leben gab, wo sie sich geliebt und stets willkommen fühlten. Ich wollte unser Heim und unsere Familie trotz aller Unvollkommenheiten zu einem Zufluchtsort machen.

3. Kreativ sein – künstlerisch tätig sein und Dinge kreieren
(Ich verzierte diese Überschrift mit Kritzeleien, um sie hervorzuheben und auch, weil ich kritzle, wenn ich intensiv nachdenke.)

Hier fühlte ich mich von Flashs Leidenschaft wirklich inspiriert. Ich musste wieder an die Kreise auf dem Tageslichtprojektor-Bild denken. Hier war ein Kreis, der neben den großen, sich klar abzeichnenden Kreisen „Glaube" und „Familie" stand und nun mich über Dinge wie Interessen, Ziele und Freude nachdenken ließ. Ich dachte an die siebte Klasse zurück, als meine Reise, meine Leidenschaft für Kunst zu entdecken, ganz plötzlich abgebrochen wurde, bevor sie richtig begann.

Es war mein erster Tag im Kunstkurs – das Wahlfach, auf das ich gewartet hatte, seitdem ich die getöpferten Krüge, Figuren aus Pappmaché und Kohlezeichnungen von Stillleben gesehen hatte, die in der Eingangshalle meiner Mittelschule in einem Display zu sehen waren. „Kunst schaffen" lautete der Titel der Präsentation, und ich wusste tief in meinem Herzen, dass ich genau dafür geschaffen war. Ich hatte schon immer Farben, die Natur, Buntstifte und Klebstoff geliebt. Allein die Vorstellung, einen Kunstkurs zu absolvieren, begeisterte mich! Ich sah im Geiste bereits eine Auszeichnung, die von einem meiner Bilder in der Eingangshalle herabhing, sowie einen Artikel darüber in der Schulzeitung.

Wir saßen auf Hockern, unsere Staffeleien bildeten ein Quadrat mit Blick auf einen Tisch in der Mitte des Raums. Eine große

Vase aus Ton stand darauf. Wir wurden angewiesen, unsere Kohlestifte zu nehmen und die Vase auf unser auf der Staffelei festgeklemmtes Papier zu zeichnen, ohne auf das Papier zu sehen.

„Das nennt man blinde Konturenzeichnung", erklärte Mr Hastings, unser Kunstlehrer. „Das ist die Grundlage für alles andere, was ihr in diesem Kurs lernen werdet. Fangt an." Er setzte sich an sein Pult, öffnete ein Buch und überließ uns der Arbeit.

Alle Schüler nahmen ihren Bleistift in die Hand und begannen zu zeichnen, wobei sie fortwährend auf die Vase starrten, ohne auch nur einen Blick auf ihr Papier zu werfen. Ich hörte das Geräusch von Kohlestiften auf Papier, von Stuhlbeinen, die auf dem gekachelten Boden schabten, und das Ticken der großen Uhr über der Tür. Ich war wie erstarrt. Die Vase verschwamm vor meinen Augen. Mein Herz begann heftig zu klopfen, und ich spürte, wie meine Haut errötete. Meine Hand zitterte, als ich auf den Rand der Vase starrte und meine Hand dazu zu bewegen versuchte, die einfache Form nachzuzeichnen.

Doch ich konnte nicht anders: Ich spähte auf das Papier unter meinem Bleistift und war entsetzt über die unförmige Zeichnung, die dort am Entstehen war. Ich radierte und begann von Neuem, doch das schreckliche Fiasko war noch immer zu sehen. Halb ausradiert, halb verschmiert. Ich ging zum Materialschrank, um mir ein neues Blatt Papier zu holen, und stellte fest, welchen unglaublichen Erfolg meine Klassenkameraden mit ihren ersten Versuchen hatten.

Ich ging noch zwei weitere Male zum Materialschrank, um neues Papier zu holen. Noch immer ein Fiasko. Alle anderen waren dabei, ihr Meisterwerk zu beenden, das Getuschel im Klassenzimmer wurde lauter und ablenkender, bis ich schließlich alle

Versuche aufgab, mich zu konzentrieren, und so tat, als ob ich teilnahm.

Es schellte und der Raum leerte sich. Ich nahm meine Bücher und stellte mich neben Mr Hastings Pult. Vielleicht konnte er mir ein wenig helfen oder mir wenigstens einen Hinweis geben, damit ich es schaffte. Ich schaute auf die Collagen, die hinter seiner Schulter ausgestellt waren, und konnte es kaum erwarten, selbst solche Collagen anzufertigen. Die Farben und Formen verschmolzen miteinander und kreierten spektakuläre Szenen. Ihr Anblick machte mich vor Vorfreude regelrecht schwindlig. Doch zunächst brauchte ich Hilfe.

„Junges Fräulein", sagte Mr Hastings, während er mich finster durch seine Brille ansah, „wenn Sie diese erste, einfache Lektion nicht bewältigen, dann schlage ich vor, dass Sie den Kunstkurs aufgeben. Denn dann ist hier für Sie kein Platz."

Mir rutschte das Herz in die Hose. Ich war beschämt und verwirrt, gedemütigt durch sein gleichgültig gefälltes Urteil. „Aber, ich…", stammelte ich, doch er hatte sich bereits wieder seiner Lektüre zugewandt. Unser Gespräch war beendet. Ich spürte, wie mir die Tränen kamen, der Raum verschwamm vor meinen Augen. Mit einem letzten Blick auf die Collagen schloss ich die Tür – nicht nur zu diesem Studium, sondern zu *allem* Kreativen. Zu jeder Form von Kunst. Zu allem, was Bleistift und Papier betraf. Er hatte recht: Ich war hier nicht an meinem Platz. Ich war eine Versagerin. Noch bevor es überhaupt richtig losgegangen war, war ich zerbrochen.

Die Details dieses Moments, bis hin zum Geruch der Ölfarben, des Terpentins und des Töpferschlamms, gruben sich ganz spürbar in mein Gedächtnis ein. Ich lernte, kreative Projekte zu umgehen – und ich sah von außen zu, als meine Mitschüler

Bühnenbilder für Theateraufführungen, Gemälde und Collagen anfertigten. Ich konzentrierte mich stattdessen auf Hauswirtschaft, wofür ich einfach nicht geeignet war. Es war das Ersatzwahlfach, das ich anstelle von Kunst gewählt hatte. Bevor ich die dreißig überschritten hatte, sollte ich nie wieder einen Pinsel in die Hand nehmen.

Ich wünschte mir oft, Mr Hastings hätte sich nur drei Minuten Zeit genommen, um mich zu ermutigen, mit dem Kunstkurs fortzufahren. Er hätte mir erklären können, dass es bei dieser Übung nicht um Perfektion, sondern um *Praxis* ging. Er hätte mir freundlich sagen können: „Ich spüre, dass Sie sich danach sehnen, etwas Kreatives zu schaffen. Lassen Sie mich Ihnen zeigen, was Sie tun können."

Ich brauchte mehr als zwei Jahrzehnte, um die Leidenschaft meiner Jugend wiederzuentdecken und zu einer Schlussfolgerung zu gelangen, die mein Lehrer in jenen Augenblicken ganz leicht hätte aufzeigen können. „Kunst schaffen" ist so viel mehr als blindes Konturenzeichnen. Es bedeutet, „etwas Schönes zu schaffen". Es gibt Hunderte von Kunstformen – von denen die meisten weder Bleistift noch Papier benötigen – und grenzenlose Möglichkeiten, bedeutsame, wunderschöne Dinge zu kreieren, die Menschen schätzen und lieben. Doch damals wusste ich das nicht. Ich *konnte* es einfach nicht wissen, weil man mir an jenem Tag die Tür verschlossen hatte.

Damals verlor ich in einem einzigen Moment etwas ganz Wichtiges. Ein strahlendes Licht wurde ausgelöscht. Und es waren drei Kinder, ein überarbeiteter Ehemann und der verzweifelte Wunsch, etwas zu tun, was ich genießen konnte, nötig, um dieses Licht wiederzufinden. Ich meldete mich für einen *Malkurs* in einem Kunstladen an, um einfach ein paar Stunden pro

Woche aus dem Haus zu kommen. Doch als ich zum ersten Mal den Pinsel in die Farbe tauchte, flammte etwas in meiner Seele zu neuem Leben auf.

Und so entdeckte ich meine dritte Leidenschaft: „etwas Schönes schaffen." Oder wie ich es gern nannte: „Kunst und allerlei schaffen." Es war, als wäre ich nach Hause gekommen. Ich hatte keine Pläne, darauf eine Karriere aufzubauen. Ich wollte einfach nur Dinge in der Hand halten, die ich selbst geschaffen hatte, die ich dekoriert hatte, die ich schön gemacht hatte. Und es war erstaunlich.

• • •

Ich machte eine Pause von all dem Nachdenken und ging zur Scheune. Flash stand im Schatten des schrägen Daches wie eine Eselsstatue. Vollkommen regungslos, abgesehen von einem gelegentlichen Rascheln seines Schwanzes. Seine Augen waren halb geschlossen und seine Ohren nach unten gerichtet. Es war Zeit für ein Schläfchen, wahrscheinlich das dritte des Tages.

Ich schnalzte mit der Zunge, und er hob den Kopf, seine Nüstern begannen zu arbeiten. Die Ohren stellten sich nach vorn. Er schnaufte leise. Flash wartete darauf, dass ich mich ihm näherte. Dann rieb er seinen Kopf an meinem Körper, während ich ihn umfasste, um seine Mähne zu streicheln. Die blutigen Schrammen vom Stacheldraht waren sichtbar, Erinnerungen an das Durchbrechen der Zäune, um zu seiner Stute zu gelangen. Ich konnte nachvollziehen, warum sie von ihm angetan war!

Leidenschaft ist wie eine magnetische Kraft, die andere anzieht. Ihre Energie treibt uns nicht nur zum Handeln an, sondern ruft auch eine Reaktion bei den Menschen hervor, die uns umgeben.

Ich zupfte ein paar Kletten aus Flashs Mähne und schaute in seine braunen Augen, in denen noch die Müdigkeit vom unterbrochenen Mittagsschlaf zu sehen war. In diesem Moment versprühte er nicht gerade magnetische Anziehungskraft, aber es hatte trotzdem den Anschein, als wüsste er darum. Seine Entschlossenheit sprach Bände. Sie half mir, meine verstreuten Gedanken zu sortieren und auf etwas ganz Konkretes zu richten. Etwas, das Sinn machte und sich richtig anfühlte. Denn es gab noch eine letzte Sache, die ich auf meine Liste setzen musste, doch ich wusste zuerst nicht so recht, wie ich sie benennen sollte:

4. Anderen dabei helfen, Geborgenheit zu finden und zu schaffen

Ich begann zu begreifen, dass mein Kampf, Frieden und Schönheit mitten in meinem Alltag zu finden, nicht nur *mein* Kampf war. Andere sehnten sich nach denselben Dingen. Es war, als ob jedes Projekt, das Tom und ich in Angriff nahmen, ein und dasselbe Thema verfolgte – durch Kunst und Design unseren Kunden ein Gefühl der Geborgenheit zu geben. Doch es steckte noch mehr dahinter. Manchmal konnten wir sehen, wie Kunst und Design nur kosmetische Pflaster für tiefer liegende Probleme waren: dysfunktionale Familienstrukturen, unausgeglichene Wertesysteme, zu viel Hektik, chaotische Finanzen.

Man sieht eine ganze Menge, wenn man über einen längeren Zeitraum in Dutzenden und Dutzenden Häusern arbeitet. Manches, was man sieht, ist herzzerreißend. Schließlich kann eine schön bemalte Wand keine zerbrochene Ehe heilen, keine Einsamkeit verhindern und auch niemandem helfen, nachts besser zu schlafen. Und ich fragte mich, ob Gott mir die Leidenschaft für Schönes geschenkt hatte, um damit eventuell ein größeres Ziel zu verfolgen. Ein Ziel, das über das Bezahlen von

Rechnungen, ein kreatives Ventil und das Schaffen schöner Dinge hinausgeht.

Etwas für die Ewigkeit.

Eric Liddell, der Olympiasieger, auf dessen Geschichte der Film *Die Stunde des Siegers* beruht, sagt in ebenjenem Film: „Gott hat mich dazu erschaffen, schnell zu laufen. Und wenn ich laufe, kann ich spüren, wie er sich darüber freut." Ich habe oft gespürt, dass Gott sich freut, wenn ich male oder wenn ich beginne, meine Gedanken auf einem Blatt Papier festzuhalten, und daraus Schönheit entsteht. Frieden und Freude wärmen mich oft wie ein Mantel, sodass ich morgens aufwache und mich auf den Tag freue, voller Erwartung, was er bringen wird. Und ich begann zu begreifen, dass ich dazu geschaffen war: Dinge zu schaffen, um dadurch Gottes Charakter widerzuspiegeln. Gottes Freude auf diese einfache Weise zu erfahren, weckte in mir den Wunsch, sie mit anderen zu teilen.

Meine Liebe zur Kunst brachte stillschweigend Liebe zu den Menschen hervor.

„Entdecke deine Leidenschaft." Die hingekritzelten Worte waren mehr als ein lohnenswertes Ziel. Als ich um die zwanzig bzw. dreißig war, konnte ich nicht ahnen, dass die Leidenschaft *mich* finden würde. Manchmal muss man einen umständlichen Weg nehmen, sich auf die eigene Kindheit zurückbesinnen, um sich daran zu erinnern, was einem wirklich Freude macht. An die Zeit, bevor irgendjemand uns sagen konnte, dass wir dazu nicht gut genug sind oder dass es nicht sinnvoll ist. Bevor die Stimme in meinem Kopf mir sagte, dass ich die Tür schließen und stattdessen Hauswirtschaft wählen soll.

Manchmal entdeckt man seine Leidenschaft, wenn man gerade dabei ist, sich nach etwas ganz anderem umzuschauen.

Und mit einem Mal wird alles ganz klar, wenn man spürt, wie Gott sich darüber freut, dass man etwas kreiert, gibt oder lernt. Und manchmal muss man ein paar Zäune und Gatter durchbrechen, um die Belohnung auf der anderen Seite zu finden. Und wenn man das tut, dann erkennt man, dass das Entdecken der eigenen Leidenschaft kein Ziel an sich ist, sondern der Schlüssel.

Der Schlüssel, die eigene Bestimmung zu finden.

....

Entdecken Sie Ihre Leidenschaft.
Leidenschaft führt Sie in Ihre Bestimmung.

....

6.

Unterwegs auf guten Pfaden

Ich stand vor der imposanten Tür der in die Jahre gekommenen Villa und drückte auf die Klingel. Der schwache Klang eines Westminsterschlags drang durch die Glasscheibe der Seitenfenster. *Die längste Klingelmelodie, die man sich vorstellen kann. Wie halten die Leute das bloß aus?* „Eine Sekunde", erklang eine Stimme von der anderen Seite der Tür. Die Dame des Hauses rüttelte an der Klinke, während sie sich bemühte aufzuschließen.

Die kleine Verzögerung gab mir Gelegenheit, tief durchzuatmen und mich auf die Begegnung mit meiner zukünftigen Kundin vorzubereiten. Ich glättete mit der Hand meinen Blazer und strich die Ponyfransen aus der Stirn. *Einatmen. Ausatmen.* Unser Projekt mit Bridgette und Steve hatte zu zusätzlicher Arbeit im Gebäude der Firma geführt, doch diese Arbeit war seit Kurzem beendet. Nun musste ich unseren Terminkalender neu füllen. Hier stand ich also.

Ich betrachtete meine Umgebung. Ein Haus, das in den 70er-Jahren in Architektur- und Wohnzeitschriften abgebildet worden und einst das Prachtstück inmitten dieses gut betuchten Viertels von Fort Worth gewesen war. Doch vierzig Jahre hatten ihren Tribut gefordert und das alte Haus sah neben den ausladenden neuen Häusern der Nachbarschaft unmodern und schäbig aus.

Die abblätternde Farbe der Holztür und Leisten sowie die herabhängende Dachrinne verliehen dem Haus einen müden Ausdruck. Selbst die steifen Buchsbaumhecken wirkten altmodisch. Und doch war dies genau die Art von Wohnviertel, wo wir gern arbeiteten: Dort wohnten Leute, die schöne Dinge wertschätzten und über das dazu nötige Geld verfügten.

Der Innenarchitekt dieses Projekts, der uns mit dem Hausbesitzer in Kontakt gebracht hatte, war uns fremd. Ich hatte ihn nie zuvor getroffen, doch ich freute mich, dass er unsere Arbeit irgendwo gesehen und den Eindruck gewonnen hatte, wir könnten zu seinen Kunden passen. Er hatte uns bereits im Vorfeld erklärt, dass die Leute im Begriff waren, ihr Haus zu modernisieren, und dass sie sich etwas Schönes für ihre Küchenmöbel wünschten. „Es könnten darüber hinaus auch ein paar kleinere Reparaturen anfallen", hatte er gesagt. Danach hatte er mir die Adresse gegeben und abrupt aufgelegt. Ein bisschen seltsam, aber warum sollte ich mich beklagen.

Ich hatte mir extra für diesen Termin einen nagelneuen Wagen geliehen, mit dem ich Eindruck schinden wollte.

„Na endlich", sagte die Dame, als die Tür schließlich aufsprang und einen rauchigen Dunstschleier nach draußen ließ. „Vorsicht." Sie drückte ihren in Pantoffeln steckenden Fuß auf die Türschwelle, damit die Leiste nicht hochschlug, und zog an ihrer mit Lippenstift befleckten Zigarette. Es war schwierig, ihr Alter zu schätzen, ich tippte auf Mitte siebzig, wobei sie sich Mühe gegeben hatte, so auszusehen, als sei sie Ende sechzig. „An dieser Tür ist gearbeitet worden, aber der Mensch ist leider nie zurückgekommen, um die Arbeit fertigzustellen." Missbilligend schüttelte sie den Kopf. „Man kann sich auf niemanden mehr verlassen."

„Ja, das ist heutzutage recht schwierig, nicht wahr?" Ich nickte mitfühlend und folgte ihr in die dämmrige Eingangshalle. Sie hob schwungvoll ihren schwarz-weißen Shih Tzu auf den Arm, der mich zur Begrüßung anbellte und die Zähne fletschte, und drückte ihn sogleich an ihr fließendes Hauskleid.

„Nun, bevor wir uns die Küchenschränke ansehen, würde ich Sie gern einen Blick auf diese Wand mit dem Wasserschaden werfen lassen. Machen Sie mir ein Angebot für die Reparatur und eine Wandbemalung, die die Reparatur verbirgt."

Ich hörte ihre Worte, doch ich konnte meine Augen nicht von der Szenerie, die sich mir bot, abwenden. Hunderte von Teddybären – Sammlerstücke – säumten sämtliche Wände, Stufen, Möbelstücke und Bücherregale. Bären in Hochzeitskleidern, in Overalls, Bücher lesende Bären, große wie kleine, Bären in Schaukelstühlen, mit Rüschenkleidern aus der viktorianischen Epoche, Bären mit Monokeln, Bären mit Babybären. Bären über Bären. Es war eine wahre Bärenhöhle.

„Ich sammle Teddybären", sagte die Dame bescheiden, wobei sie ihr pechschwarzes Haar zurechtrückte. „Ich sammle auch moderne asiatische Kunst und Gedenktafeln. Und alles, worauf Elefanten zu sehen sind." Sie wies im Stil einer Werbebotschafterin auf das verschlafen wirkende Wohnzimmer, wo ihre Kollektionen in massiven, lächerlichen Exemplaren von ausgesprochener Geschmacklosigkeit exponiert waren. Man hätte meinen können, das Shoppingfernsehen hatte alle übrig gebliebenen Waren hier abgestellt. Ich hatte das dringende Bedürfnis, lauthals zu lachen, schaffte es aber, professionell zu bleiben.

„Reizend, wirklich reizend. Einfach umwerfend." Ich zog mein Maßband hervor und machte mich an die Arbeit. Doch ich fühlte mich von all den glasigen Bärenaugen irgendwie beobachtet. Mein Nacken fing an zu kribbeln. Und während ich mit dem Ausmessen beschäftigt war, wusste ich instinktiv, dass sie von mir nur einen Preis hören wollte und nicht die Absicht hatte, uns die Wand reparieren oder bemalen zu lassen. Im Laufe der Zeit lernt man, solche Leute schnell zu erkennen. Kunden, denen es egal ist, dass man stundenlang über ein Projekt nachdenkt, eine Lösung präsentiert, ein Design anfertigt und einen Entwurf vorlegt… und selbst die ganze Zeit über keineswegs planen, einem den Auftrag zu erteilen. Nicht dass mich das stören würde… ich wollte es nur mal erwähnen.

Wir gingen in die Küche, wo ich zu meiner Überraschung Möbel im französischen Landhausstil mit einer auf antik gemachten Politur vorfand. „Möchten Sie diesen Raum verändern?", fragte ich.

„Nein, nur fertigstellen", erwiderte sie. Sie zeigte auf einen ganz kleinen Bereich neben dem Spülstein, der nicht vollendet war. „Ich rufe ständig den Maler an, damit er diese Arbeit beendet, aber ich gebe langsam auf. Offenbar kann man sich nicht auf ihn verlassen." Dann folgte ein Wortschwall, mit dem sie sich darüber beschwerte, wie schwierig es sei, fähige Handwerker zu finden, dass niemand mehr gute Arbeit leistete, und wie furchtbar es war, dass niemand mehr auf ihre Anrufe reagierte.

„Ich müsste zunächst das Holz präparieren und dann anschließend die passende Farbe auftragen", sagte ich, um ihren Redefluss zu unterbrechen, während ich mich insgeheim darüber zu ärgern begann, dass ich den langen Weg hierhergefahren war, um eine so unbedeutende Arbeit auszuführen. „Es ist nur eine kleine Stelle, aber es wird nicht einfach sein, sie gut hinzubekommen." Irgendwie musste ich ja für den ganzen Aufwand entschädigt werden.

„Ich weiß, dass Sie das schaffen werden", sagte die Hausbesitzerin. „Ich kann niemand anderem vertrauen." Ihre Zigarette glühte, als sie daran zog. „Nun sollten Sie sich noch das Gästebad ansehen und mir sagen, was Sie dort tun können. Der Tapezierer hat die alte Tapete nicht vollständig entfernt, bevor er verschwand, und ich frage mich – Sie könnten doch sicher die Oberfläche neu gestalten und dafür sorgen, dass es wirklich gut aussieht, nicht wahr?"

Was von der goldenen Tapete mit den roten und schwarzen Punkten im 70er-Jahre-Stil übrig war, verbrannte mir beinahe die Augäpfel. Es war schwierig, klar zu denken. Vielleicht war dem Tapezierer zwischendurch übel geworden.

„Was können Sie mir vorschlagen?", fragte sie. Der Hund in ihrer Armbeuge bebte nervös mit einem fortlaufenden Knurren und machte jegliche kreative Idee unmöglich. *Ganz ruhig, Hündchen.* Dennoch verbrachte ich die nächsten fünfzehn Minuten damit, liebenswürdig Ideen für ihr Gästebad zu diskutieren, obwohl ich wusste, dass auch hier kein Auftrag erfolgen würde.

Ich bekam Kopfschmerzen.

Vom Gästebad trotteten wir über verstreute Wäsche weiter zu einem Bad, wo die Klempner ihre Werkzeuge hatten liegen lassen, wahrscheinlich, um eine Mittagspause zu machen. Doch das war zwei Wochen her. Ich begann, ein Muster zu erkennen: *Niemand kam je wieder zurück.*

Mein pochender Kopf, die schrecklichen fluoreszierenden Lichter, ihre harsche Stimme, die sich ohne Punkt und Komma über Handwerker ausließ. Ich schaltete kurz für einen Moment ab. Leider! Denn ich sah den anderen Shih Tzu nicht kommen, der mit voller Wucht meinen Fußknöchel angriff. *Autsch!* Ich schüttelte ihn ab und versuchte lässig, die Verletzung zu untersuchen. Es blutete! *Wie bitte?* Dieser jämmerliche, kleine Köter hatte mit seinen winzigen, spitzen Zähnen meine Haut durchtackert. Ich hörte auf zu lächeln und biss die Zähne zusammen, um den Rest des Rundgangs hinter mich zu bringen.

Bitte, Herr, mach dem hier ein Ende.

Doch Gott in seiner unergründlichen Weisheit wollte offensichtlich nicht prompt eingreifen. Er ließ mich zappeln. Und weiter ging's zum Schlafzimmer. Ich hörte Kinder am Ende des Flurs das Titellied von *Barney Bär* singen und versuchte, ein wenig Small Talk zu halten.

„Oh, wie schön. Sind das Ihre Enkelkinder?"

„Nein, keine Enkelkinder", sagte die Hausbesitzerin. Sie öffnete schwungvoll die Tür zu einem begehbaren Kleiderschrank. „Papageien."

In diesem Raum waren drei große, graue Vögel in enorm staubigen Käfigen, die allesamt ihre Knopfaugen auf einen Fernsehbildschirm gerichtet hatten und mit näselnder Stimme sangen: *„I love you, you love me, we're a happy family."*

„Sie lieben diese Sendung!", rief die Frau überschwänglich. „Ich lasse sie rund um die Uhr angeschaltet, nur für sie." Ich schnippte eine herabschwebende Feder von meiner Nase und vermutete nun, dass mir jemand wohl heute früh Drogen in meinen Kaffee getan haben musste. Die ganze Situation war eine einzige Halluzination, oder? Die Feder war gar nicht echt, nicht wahr? Ich spürte, wie mir der kalte Schweiß ausbrach. *So fühlt sich das also an, wenn man die Beherrschung verliert.*

Hätte ich Klempnerwerkzeug in den Händen gehabt, hätte ich es jetzt auf den Boden geworfen und wäre hinausgerannt. Stattdessen packte ich meine Umhängetasche und klappte mein Notizbuch zu. Ich drehte mich um, doch bevor ich einen sauberen Abgang machen konnte, setzte die Dame die ganze Chose mit einer letzten Sache fort.

„Ich möchte Ihnen meinen Mann vorstellen", kündigte sie an. Und wie ein Schaf, das zum Schlachten geführt wird, konnte ich nicht anders, als ihr in den nächsten Raum zu folgen.

„Frank! Das hier ist Rachel. Frank! Die Malerin!", krächzte meine Fremdenführerin, als wir durch die Tür traten. In Zigarettenqualm eingehüllt saß da Frank, ein kleiner, eingefallener Mann, in den Untiefen einer verblichenen, geblümten Couch. Er war an ein Sauerstoffgerät angeschlossen. Das kleine Gerät lag auf einem Knie, der Aschenbecher auf dem anderen, über einem breiten Verband. Er hob grüßend seinen kahlen Kopf und murmelte etwas Unverständliches, das übertönt wurde durch den Papageienchor und die bellenden Shih Tzus. In dem Moment wusste ich, dass auch ich nicht mehr zurückkommen würde.

„Du meine Güte, wie die Zeit vergeht!" Ich gab vor, auf meine Armbanduhr zu schauen, und drehte mich um. Ich humpelte auf meinem unverletzten Fuß durch das Haus, zog meinen blutenden Fuß nach und hörte die hinter mir her schlurfende Dame im Detail die Probleme der häuslichen Pflege erörtern. Sie sagte etwas von Franks Beinwunde, die nicht richtig verheilte, und am liebsten hätte ich ihr ins Gesicht gesehen und gesagt, was ich dachte. – Was dachte ich? *Warum passiert das mir?*

Endlich kamen wir wieder an der Haustür an. Doch sie ließ sich nicht öffnen. Ich wartete verzweifelt, während die Dame eine ganze Minute lang an dem Knauf rüttelte, bevor sie mich aus der Unterwelt der Teddybären und der verschwindenden Arbeiter entließ.

Luft! Frische Luft! *Ich nehme alles zurück, was ich je darüber gesagt habe, eine Liebe zu den Menschen gefunden zu haben.* Mein Herz war ein riesiges Loch. Es war leer, abgesehen von Furcht und vielleicht Entsetzen.

Ich rief Tom an, nachdem ich das Haus verlassen hatte.

„Wir suchen uns wieder eine Festanstellung", sagte ich klipp und klar. „Du wirst mir nicht glauben, was ich gerade erlebt habe."

Mein Bericht nahm fast die ganze Heimfahrt in Anspruch. Zu Hause angekommen wusch ich mir unter der Dusche den schalen Rauch aus den Haaren. Die Kleider steckte ich gleich in die Waschmaschine. Doch das Erleben dieses Albtraums ließ sich nicht einfach so abschütteln.

Das Problem war, wir brauchten Geld, und ich wusste, dass wir keine Wahl hatten: Wir mussten zurückkehren. Wir würden bei der Dame, dem eingefallenen Frank und den singenden Papageien, tollwütigen Shih Tzus und inmitten des schrecklichen Zigarettenqualms arbeiten müssen. Und all ihr Gerede! Mein Kopf fing schon wieder an zu pochen.

Tom führte mich zum Sofa und drückte mir einen dampfenden Becher Tee in die Hand, zusammen mit einer Tafel Zartbitterschokolade (mit Meersalz und Karamell – die ist richtig heilsam!). „Genieß es", sagte er, „und dann gehen wir ins Bett." Ich schaute diesen Mann an, der nach fünfundzwanzig Jahren Ehe genau wusste, was ich jetzt hören wollte, nämlich dass alles in Ordnung kommen würde. „Wir schaffen es ohne diesen Auftrag", sagte er. Und dafür liebte ich ihn.

● ● ●

Ich schlief das furchtbare Erlebnis aus (vielleicht wurde ich auch entgiftet?). Als der Morgen anbrach, brachte Tom mir Kaffee und meine Schuhe. „Komm, wir bringen Grayson zur Schule und dann gehen wir ein bisschen spazieren." Meghan war mittlerweile im College, und es war nur wenig Aufwand, ein einziges Kind mit einem Lunchpaket zu versorgen. Genau das brauchte ich jetzt: etwas Einfaches.

Die Luft trug einen Hauch von Herbst in sich, und eine leichte Brise brachte das trockene Gras auf dem Feld zum Rascheln, als wir einander bei der Hand nahmen und nach draußen gingen. Keiner von uns brauchte viel zu sagen – und das gehört zu dem Besten, wenn man seit Langem zusammen ist.

Wir schlüpften durch das Gatter auf die Koppel und unsere Schritte führten uns auf eine von Flashs Spuren. Auf ungefähr dreihundert Meter Länge war durch Flashs Hufe ein Pfad entstanden, gerade breit genug für eine Person. Wir lösten unsere Hände und Tom reihte sich hinter mir ein.

Der Pfad wand sich ungefähr fünfzig Meter lang am Zaun entlang Richtung Scheune, bevor er sich in zwei Richtungen teilte. Der eine Pfad führte zur Scheune, während der andere zum offenen Feld abbog. Wir wählten letzteren und folgten ihm bis zu einer Stelle, wo er sich mit einer anderen von Flashs Spuren überschnitt. Wir wandten uns nach rechts und gingen über die hintere Weide auf den Wald zu. Unsere Füße folgten noch immer der Furche, die Flashs Hufe durch Gras und Unkraut gezogen hatte.

„Ich wette, dieser Platz sieht von oben ziemlich chaotisch aus!" Ich führte meine Hand vor die Stirn, um meine Augen vor der Morgensonne zu schützen, und sah ostwärts über das Feld. Es war von Flashs Spuren durchkreuzt, die eine Art Muster bildeten, das wohl nur für einen Esel einen Sinn ergab. Jede Ecke des Feldes war mit einem Pfad verbunden, mit sich kreuzenden Linien, die in alle Richtungen gingen. Keine davon war gerade, doch jede sah aus wie ein sanft gewelltes, trockenes Flussbett, von Flashs schlenderndem Gang geschaffen.

„Kaum zu glauben, dass er diese Pfade durch seine Laufwege so gut in Schuss hält", sagte Tom, der Flashs Arbeitsauffassung bewunderte. „Sieh mal, dieser Pfad führt vom Wald zur Scheune, mit Abzweigungen, für den Fall, dass er seine Meinung ändert!" Die Hauptpfade waren breit ausgetreten und tief, aber selbst die Nebenpfade sahen aus, als ob er sie oft benutzt hätte.

Wir sahen gerade rechtzeitig hoch, um Flash aus dem Wald auftauchen zu sehen, wo er gerne nachts schlief. Erwartungsgemäß benutzte er den direktesten Weg, um zu uns zu kommen. Wir sahen seine Hufe auf uns zu stapfen, wobei er bei jedem seiner krummbeinigen Schritte ein wenig Dreck vom Boden aufwarf.

Flash hielt bei Tom an und schnüffelte an seinen Hosentaschen nach einem Leckerchen. Tom holte ein Tic Tac hervor und legte es auf seine Handfläche, sodass Flash es mit seiner weichen, dicken Zunge packen konnte. Wir lachten, als er beim Genuss des Pfefferminzgeschmacks geiferte. Wir hörten, wie er das Tic Tac zerbiss. Ich seufzte und sah Tom an. Ich hatte keine Lust, über diesen Job zu sprechen, aber ich wusste, dass es sein musste. Ich hätte die Sache am liebsten hingeschmissen, was ich ihm auch sagte.

„Rachel, wir werden diesen Auftrag nicht annehmen, also hör auf, dir darüber den Kopf zu zerbrechen. Wir werden zurechtkommen. Wir haben immer gesagt: *Nicht jeder Auftrag ist ein guter Auftrag*, und das hier ist das perfekte Beispiel dafür. Wir werden etwas anderes finden. Du wirst sehen."

Tom schlang einen Arm um Flashs Hals und rieb ihm die flauschige Stirn. Der Esel schmiegte seinen Kopf an Toms Brust und rieb eifrig daran, sodass ein staubiger Abdruck auf Toms Hemd zurückblieb. Tom schaute über Flashs Ohren zu mir herüber und fuhr fort: „Ich will nicht abgedroschen klingen, aber wir müssen einfach am Ball bleiben."

„Oh, hahaha", lachte ich und hielt mir in gespielter Heiterkeit den Bauch. „Wie klug du bist!"

„Nein, ich meine es ernst." Toms Miene wurde ernst. „Wir müssen uns daran erinnern, dass wir uns auf einer langen Reise befinden, und die ist genauso wichtig wie das Ziel. Überleg nur, wie weit wir bereits gekommen sind und wie viele gute Dinge schon auf unserem Weg lagen. Schau unsere Kinder an, wie wir hier leben, wie wir uns für etwas Lohnendes einsetzen. Sieh nur, wie wir hier an einem Wochentag mit unserem Esel auf einer Weide stehen, während der Rest der Welt im Verkehrsstau steckt, um ins Büro zu gelangen. Wir tun etwas, das wir lieben. Ja, wir hatten unsere verrückten Momente, doch ich würde nichts gegen das hier eintauschen wollen."

Ich blickte auf all die Trampelpfade, die durch einen behäbigen Tritt nach dem anderen von Flash entstanden waren, der sich offenbar nie wirklich darum gekümmert hatte, in welche Richtung er lief, und ich dachte über das nach, was Tom gerade gesagt hatte. Möglicherweise hatte er recht.

Stapf, stapf, stapf. Genau das taten wir. Unser Fortschritt war langsam. Es sah nicht danach aus, als ob wir uns auf irgendetwas zubewegten. Kein großer Erfolg zeichnete sich am Horizont ab und unser Tempo schien schleppend. Doch wenigstens waren wir in Bewegung. Wir blieben nicht auf der Stelle. Wir taten Schritte, bildeten Gewohnheiten, schufen Pfade. Und all diese

Pfade überschnitten sich, waren miteinander verflochten, gaben den Weg frei für das Leben. Es war nicht alles an einen Job gebunden. *Hm.*

Wir unterhielten uns weiter, erneut hintereinandergehend. Tom, ich und Flash. Ich gehe nicht wirklich gern direkt vor Flash her, denn er hält einfach keinen Abstand. Er drückte sein Maul in meinen Rücken und knabberte spielerisch an meinem Pulli, während ich weiterging. *Daran muss er wirklich noch arbeiten,* dachte ich.

Gerade als ich meinen Rücken in Erwartung seines Anstupsens wölbte, hörte ich, wie die Hufe hinter mir stehen blieben. Ich drehte mich um und sah, wie Flash den Boden beschnüffelte. Wir waren direkt durch den Bereich gegangen, wo er sich am liebsten auf dem Boden im Dreck wälzte. Ein weiter Kreis, von Gras und Unkraut blank gewetzt, ein Platz mit weichem, lockerem Boden.

Flashs Plätze zum Wälzen – verborgene Juwelen auf einer Weide, die aus texanischer schwarzer Erde (viel zu klumpig) und Kalkstein (nicht genug Staub) besteht – waren aufgrund ihres sandigen Untergrundes von ihm ausgewählt worden, und er genoss das Ritual, sich darin auf unvorstellbar intensive Weise zu wälzen.

Wir setzten unseren Weg fort und hielten schließlich am Wasserhahn neben der Scheune, wo Beau auf uns wartete. Er hatte sich dafür entschieden, nicht mit seinem Rivalen spazieren zu gehen, schien es uns jedoch nicht übel zu nehmen, dass wir es getan hatten. „Ich bringe euch zum Haus", schien er zu sagen, als er uns schwanzwedelnd ansah.

Er hatte Flash den Rücken zugewandt, um ihm klar zu zeigen, dass er von nun an von der weiteren Unterhaltung ausgeschlossen

Flash – eines Abends war er einfach da. Seitdem ist er ein kostbarer Teil unseres Lebens.

oben: Meine Familie: Tom, mein Mann, und unsere drei Kinder Grayson, Meghan, Lauren sowie unser Hund Beau.

unten: Auf der Zufahrt zu unserem Haus begegneten wir Flash zum ersten Mal.

Typisch Esel: stets neugierig, einfach liebenswert und ganz schön störrisch.

Schnee in Texas:
Bei Wetterkapriolen findet Flash Zuflucht in seiner Scheune – sofern er es will.

Mit Pferden laufen: Ich bewunderte Flashs Streben, einen Gang hochzuschalten, und seine Entschlossenheit, für seine Leidenschaft Zäune und Gatter zu durchbrechen.

Seit über dreißig Jahren ist Tom an meiner Seite, seit ein paar Jahren auch im Job.

Ich lebe meinen Traum: schöne Dinge zu kreieren und Menschen damit glücklich zu machen.

Ich lehne mich gern auf Flashs Schultern, lege mein Kinn auf meine überkreuzten Arme und sage einfach: „Hey, Esel-Kumpel, mein Flash!"

oben: Unterwegs auf guten Pfaden. Flashs Wege erinnerten mich an meine eigenen.

unten: Schreiten, gehen, stapfen, weitermachen – wir vergessen oft, dass Gott sich offenbart, wenn wir einfach das Nächste tun.

Durch Flashs Beispiel fanden wir zu Dankbarkeit und Freude zurück.

Flash erinnert mich immer wieder an Gottes grenzenlose, unermessliche Liebe.
Ich bin froh, dass jemand wie er bei uns ist.

Beau schien sich damit abzufinden, dass er unsere Zuneigung nun mit Flash teilen musste.

Grayson wie auch Beau wurden älter, doch nur einer von ihnen wurde von Jahr zu Jahr stärker und größer.

Wie schnell die Zeit vergeht, stellt man meist an den Kindern fest, nicht wahr?

Oft sehe ich Flash einfach dabei zu, wie er das Leben genießt. Das inspiriert mich.

Esel entlaufen: Was, wenn Flash nie mehr zurückkommt?
Unsere schlimmste Befürchtung bewahrheitete sich zum Glück nicht.

Es wäre einfach gewesen, diesen heimatlosen und dahergelaufenen Esel einfach zu ignorieren. Doch mit unserer Entscheidung hatte sich alles verändert. Wir dachten, wir würden einen Esel retten. Doch in Wahrheit hatte Gott uns diesen eigensinnigen Esel geschickt, um uns zu retten.

war. Die beiden begleiteten uns abwechselnd auf unseren Spaziergängen, wobei Beau für die Wiese zuständig war und den Staffelstab an Flash weitergab, wenn wir uns auf der Weide befanden. Irgendwie war es komisch, doch es schien für beide zu funktionieren.

Tom füllte den Kübel neben dem Wasserhahn auf, während die Sonne uns vier wärmte. Ich hatte bis dato Flash nie als vorpreschenden Wegbereiter oder Vorreiter angesehen, obwohl wir ja beobachtet hatten, wie er mit den Pferden rennen konnte und welche Romanze er sich mit der Stute des Nachbarn geleistet hatte. Er hatte einige großartige Augenblicke erlebt. Doch seine typische Gangart war, langsam unterwegs zu sein. Er beeilte sich nicht und schien methodisch einen Schritt nach dem nächsten zu tun. Er schaute sogar nur selten auf, wenn er so vor sich hin schlenderte.

Und da dämmerte es mir, dass auf seinen Trampelpfaden etwas Wichtiges zu finden war. Es waren tägliche Bemühungen, die eine Struktur ergaben und Pfade schufen, die von anderen beschritten werden konnten. Es war auch bemerkenswert, dass sie durch ihre Verflechtungen ein kompliziertes Muster gebildet hatten, das von Nahem betrachtet nicht immer einen Sinn ergab, doch eben aus anderer Perspektive.

Ich versuchte, mir vorzustellen, ich sei Flash (glauben Sie mir, ich würde definitiv etwas gegen die vorstehenden Zähne und die großen Ohren unternehmen). Ich schaute auf meine eigenen Pfade, um zu sehen, ob ein Muster erkennbar war – irgendwelche Spuren, die ich identifizieren konnte.

Auf den ersten Blick sah es so aus wie die willkürlichen Linien auf Flashs Weide. Doch als ich genauer darauf schaute, konnte ich erkennen, wie all diese Pfade sich überschnitten, entwickelten und miteinander verwoben waren. Wie ein unfertiger Wandteppich, mit noch unfertigen Ecken – aber man konnte sehen, dass langsam etwas Wundervolles Form annahm.

Ich sah, wie mein Pfad der Kindheit geführt war – vom Missionarskind zum frühen Erwachsensein und zur Bibelschule. Und dieser Pfad wiederum hatte mich mit meinem Mann zusammengebracht. Wir dachten damals beide, wir würden mutige Mitarbeiter einer humanitären Hilfsorganisation in irgendeinem fernen Winkel der Welt werden. Wir waren um die zwanzig und wussten, wir würden durch unseren Einsatz die Welt verändern. *Jesus und wir und das Evangelium!* Doch das Leben, die Kinder und die Arbeit hatten diese Pläne verändert und unser Weg hatte eine Wendung genommen.

Viele Jahre lang dachten wir, unser Weg sei „weniger wert" als der Weg hingebungsvollerer Diener, die alles dafür gaben, um einer höheren Berufung zu folgen. Wir lebten in einem Vorstadtviertel und genossen den täglichen Luxus fließenden Wassers, funktionierender Toiletten und des Supermarktes, während jene anderen ihr Leben in Lehmhütten fristeten. Taten wir genug? Oder waren wir einen faulen Kompromiss eingegangen? *Waren wir zu egoistisch, um einen Traum zu verfolgen, der unsere kreativen Gaben entfalten würde?* Wir setzten unseren Weg fort: Windeln, Sonntagsschule, Arbeit, Klingelbeutel.

Oft wurde uns der Glaube als ein Entweder-oder präsentiert: Entweder ist man zu hundert Prozent ein hingegebenes Gefäß oder aber ein halbherziger Kirchgänger. Ein im Dienst engagierter Christ oder einer, der nur die Kirchenbank drückt. Ein Diener oder ein Zuschauer. Ein feuriger Kämpfer oder ein farbloser Christ. Raum für etwas dazwischen gab es nicht. Wir brauchten Jahre, um zu erkennen, *dass es auch einen Platz für uns gab,* und dieser Platz befand sich nicht in einem Raum fabrizierten Schuldbewusstseins, sondern in einem von Gnade erfüllten Raum unter Gottes Fürsorge.

Wir erkannten, dass Glaube nicht eine Beschäftigung ist, sondern ein Lebensstil. Eine Sache des Herzens, die alles umfasst. Wir waren Schritt für Schritt einen Pfad aus dem Wald zur Scheune gegangen, von hyperaktiver Pflicht zu echter Anbetung. Und wir waren im Kreis gegangen und sind zurückgekommen. Von der Arbeit ... zur Gnade ... und zur Hingabe.

Essen kochen, die Kinder zur Klavierstunde bringen, Öl wechseln. Herausfinden, dass Gott in unserer Arbeit und unserem Spiel und unserer Familie präsent ist. In den Hockeyspielen und im Bibelstudium, im Abendgebet und bei unseren Besorgungen. Er ist in unseren Zeichnungen und Pinseln und Träumen gegenwärtig. Er ist täglich für uns da, wenn wir uns die Schuhe binden und egal, in welcher Situation wir uns befinden. Er ist da wie unser Atem.

Gehen, schreiten, schlendern und einfach das Nächste mit ihm tun.

Von unserer eifrigen Jugend an, in der wir damals dachten, wir bräuchten alle Antworten, bis hin zur dunklen Erfahrung in verzweifelten Momenten, keine (einzige) Antwort zu haben. Wie damals, als wir Collin verloren. Oder als wir uns entscheiden mussten, welche Rechnungen wir unbedingt bezahlen mussten. Er war da im Verlorensein wie beim Weg-erspüren.

Und er war da, als wir eines Tages aufwachten und die Freiheit des Mysteriums ergriffen. Als wir anfingen zu genießen, dass man nichts weiß und dennoch am Glauben festhält. Ehrfürchtig vor einem Gott zu stehen, der einen sieht, alles weiß und auf uns wartet. All das passiert stufenweise, wenn man sein Leben im Alltag auf diesen Gott ausrichtet. Man beschreitet Pfade, auch wenn man nicht genau weiß, wohin sie führen.

All die Knoten, die schwierigen Stellen des Weges, werden dann zu Punkten auf der Landkarte. Sie fügen sich hier und da in die Ebenen, die Berge und fröhlichen Meilensteine ein, und das Ganze wird zu einem großartigen Muster, das aus langsamen Schritten und entschlossenen Füßen entstand.

Jede Markierung hat dabei ihre Geschichte. „Erinnerst du dich?", sagt man dann, und man lacht oder schweift ins Träumen ab, man geht in Gedanken seinen Schritten nach und schüttelt vielleicht den Kopf. Man erkennt, wie jede Markierung auf dem Weg Raum schafft, um einen weiteren Pfad zu beginnen. Ja, einige Pfade verlaufen im Sand. Dann muss man zurückgehen und neu beginnen. Andere sind wiederum einfacher als andere. Und einige scheinen gar keinen Sinn zu machen, jedenfalls nicht aus unserer Perspektive. Doch entscheidend ist, dass wir in Bewegung bleiben. Dass wir nicht stillstehen. Dass man weiter einen Fuß vor den anderen setzt, und während man das tut, ist Gott da.

Schreiten, gehen, stapfen, weitermachen.

Gott schickt uns dabei Menschen auf unseren Weg – wie meine Freundin Priscilla, die durch einen Anruf wegen der Dekoration ihres Kinderzimmers in mein Leben trat und es seitdem nie wieder verlassen hat. Mit ihren ständigen Ermutigungen und ihrer liebevollen Freundschaft hat sie meinen Lebensweg für immer verändert.

Und Bridgette. Unsere schöne Nachbarin, die mir mit ihren Begrüßungen im feinsten Südstaatenakzent und ihrem köstlichen Eintopfgericht aus Louisiana, das ich ab und an mit einer netten kleinen Botschaft vor meiner Haustür fand, ans Herz gewachsen war. Sie nannte Flash immer noch mit *ihrem* Namen, aber es störte mich immer weniger.

In Psalm 32,8 heißt es: *„Ich will dich lehren und dir den Weg zeigen, den du gehen sollst; ich berate dich, nie verliere ich dich aus den Augen."* Wie unfassbar zu wissen, dass Gottes Hand uns lenkt und sein Auge über uns wacht. Und in Sprüche 16,9 ist zu lesen: *„Der Mensch plant seinen Weg, aber der Herr lenkt seine Schritte."*

Wie oft gelingt es uns nicht, das größere Bild zu erkennen? Wie oft sehen wir nur auf die aktuellen Umstände und fällen Entscheidungen, die auf dem beruhen, was wir gerade sehen und fühlen? Wir vergessen, dass Gnade sich offenbart, wenn wir weitergehen und wenn wir unsere täglichen Aufgaben erfüllen. Manchmal brauchen wir einfach ein wenig Abstand, um das zu erkennen.

Flashs raues Fell fühlte sich in der Morgensonne bereits warm an. Er tauchte seinen Kopf in den nun vollen schwarzen Kübel und trank. Sein kräftiger Hals kräuselte sich bei jedem Schluck, seine Nüstern öffneten sich, um sich anschließend wieder zu schließen. Schließlich hob er den Kopf, Wasser tröpfelte aus seinem Maul. Er sah mich an. Seine schwarzumrandeten Augen hielten meinem Blick stand. Er blinzelte und hob seine nasse Nase, um sie an meiner Wange zu reiben.

In dem Moment war ich voller Dankbarkeit für diesen dahergelaufenen Esel und für all seine verrückten Trampelpfade. Und ich dankte Gott für all die Momente auf meiner Reise, in denen ich um Hilfe, Veränderung und um sein Eingreifen gefleht hatte. Und Gott hatte mich in seiner unergründlichen Weisheit genau dort gelassen, wo ich mich nun befand.

Denn im Warten, im Fragen und im schwerfälligen Weitergehen musste ich ihm am meisten vertrauen. Doch dort fand ich auch die meiste Gnade.

Wir sehen nicht immer das Ziel, aber Beharrlichkeit wird uns ans Ziel bringen.

Gott ist bei jedem Schritt an unserer Seite.

Immer.

....

Seien Sie ein Wegbereiter.
Beharrlichkeit schafft Wege, auf denen sich Gnade entfaltet.

....

7.

Eine Frage des Innern

Bridgette führte mich in ihr elegantes Homeoffice für ein Design-Meeting, doch zunächst kam ihre Gastfreundschaft zum Zug.

„Darf ich dir eine Tasse Kaffee anbieten? Nein? Oder eine Limonade? Ohne Zucker?" Sie rückte ihre runde Brille zurecht und lächelte. „Mach es dir einfach bequem und lass mich dir etwas bringen." Ihr Südstaatenakzent brachte mich wie immer zum Schmunzeln.

„Nein, vielen Dank. Alles bestens." Ich lehnte die Erfrischung ab und nahm Platz. Mein Zartgefühl als Mädchen aus dem Mittleren Westen sowie meine norwegischen Wurzeln verlangten von mir, stets alle ersten und zweiten Angebote abzulehnen, denn so gehört sich das. Ich will niemandem Umstände bereiten. Ich will niemandem zur Last fallen. So bin ich nun mal. Ich kann nicht anders.

Es sei denn, man macht mir ein drittes Angebot. Dann denke ich darüber nach.

„Vielleicht Wasser? Das macht gar keine Umstände", beharrte Bridgette. „Die Limonade ist köstlich und sie ist schon zubereitet." Der Krug schwebte über dem Glas und Bridgette sah mich erwartungsvoll an. Diesen „Magnolien aus Stahl" war ich nicht gewachsen, also gab ich nach.

„Nun, da du sie schon zubereitet hast..." Höfliche Annahme war mein einziger Ausweg aus dieser Situation. Sie goss die Limonade über Eiswürfel (wieder Umstände, aber die Eiswürfel waren auch schon vorbereitet) und setzte das Glas auf einem Untersatz vor mir ab.

„Wie wäre es mit Käse und Kräckern?" Ich begann zu ahnen, dass Bridgette mir die Sache erschweren würde.

„Oh, vielen Dank, aber ich habe spät zu Mittag gegessen. Ich kriege nichts mehr hinunter." Ich hob die Hand in höflicher Ablehnung hoch. Doch sie brachte bereits ein kleines Tablett mit mehreren Käsesorten, Kräckern und Weintrauben.

„Diesen Brie musst du einfach probieren", sagte Bridgette. Ich sah, dass er mit einer Art Himbeermarmelade garniert war, die schwelgerisch an beiden Seiten hinunterfloss.

„Oh, das sieht viel zu gut aus, um es zu essen. Ich sollte lieber ein Foto für Instagram davon machen." Ich spürte, wie mir das Wasser im Mund zusammenlief. Himbeeren sind meine Lieblingsfrüchte. Und ich liebe jede Art von Käse.

Bridgette nahm einen Kräcker und tunkte ihn in den weichen Käse, um mich in Versuchung zu führen.

„Er ist von Costco, und wir haben so viel davon gekauft, viel mehr, als Steve und ich allein essen können. Bitte, hilf uns und nimm ein wenig."

Wenn ich es recht bedachte, lag das Mittagessen schon einige Stunden zurück, und es war sinnvoll, einen Nachmittagssnack zu essen. Außerdem hatte sie sich die Arbeit gemacht, dieses Tablett so schön zu arrangieren.

„Ich sollte eigentlich widerstehen." Ich zögerte noch immer, doch ich wollte keinesfalls ihre Gastfreundschaft zurückweisen und sie beleidigen. „Ich werde ein oder zwei Happen probieren."

Du meine Güte! Sie hatte so viel vorbereitet, ich konnte gut und gerne drei oder vier oder sogar zehn Häppchen essen. Es war das Mindeste, was ich tun konnte.

Wohl nur sehr stilvolle Menschen haben für ein in letzter Minute verabredetes Treffen Brie und Gourmetkonfitüre zur Hand. Bridgette schaffte es irgendwie, mir das Gefühl zu geben, ich würde ihr einen Gefallen tun, wenn ich so viel wie möglich aß. Ich habe keine Ahnung, ob Frauen im Süden in der Schule die Kunst des Überzeugens lernen, falls ja, dann hatte Bridgette einen Summa-cum-laude-Abschluss erworben. Ich konnte mir eine Scheibe von ihr abschneiden.

Bridgette hatte einen neuen Kunden, der für seine luxuriöse Eigentumswohnung in der Innenstadt von Dallas eine künstlerische Gestaltung benötigte. Sie wollte den Inneneinrichtungsplan für die gesamte Wohnung mit mir durchgehen, bevor wir später in der Woche direkt vor Ort sein würden.

Ich nippte an der Limonade, während ich einen Notizblock nahm und begann, die Stoffproben zu betrachten, die sie ausgesucht hatte. Hintergrundmusik durchzog das Büro, das mehrere Stile in sich vereinte: Innenstadt-Loft, Texas-Country und urbane Moderne. Verzinktes Metall verband sich nahtlos mit gebeiztem Betonboden, moderner Beleuchtung, glatten Arbeitsbereichen und sorgfältig ausgewählten Antiquitäten. Ich liebte das alte, bearbeitete Treppengeländer aus Eisen und die gleitende Scheunentür. Fabelhafte Details. Eine Bibliothek voller Architekturbücher und Muster füllte eine ganze Wand, und ein massiver Konferenztisch, der vor allem für Pingpong genutzt wurde, stand mitten im Raum. Man konnte nicht anders, als den extravaganten Stil zu bewundern, mit dem Bridgette und Steve ihr Arbeits- und Privatleben miteinander verschmelzen ließen.

Im Laufe der vergangenen Monate hatte ich gemeinsam mit Bridgette an verschiedenen Projekten gearbeitet und schätzen gelernt, wie sie in allem Möglichkeiten sah. *Sie ist wirklich sehr gut darin.* Ihr Homeoffice war ein typisches Beispiel dafür. Bridgette und Steve hatten vor Kurzem das Land gekauft, auf dem Flashs Freunde, die Kühe, gelebt hatten, und waren aus dem Cottage in unserer Nähe in die Scheune gezogen. Im Ernst, wer zieht in eine Kuhscheune? Nun, das tun nur Menschen, die alles neu denken, neu verwenden und neu gestalten, um das Bestehende in ein unglaublich schönes Heim und Büro zu verwandeln. Was zuvor eine riesige Metallstruktur besaß, hatte sich in ein funktionales, einladendes Lebens- und Arbeitsumfeld gewandelt, das jedermann vor Neid erblassen lassen musste.

Kein Wunder, dass Bridgette erfolgreich war. Sie konnte jedes erdenkliche alte Objekt nehmen und es in ein kunstvolles oder funktionales Möbelstück verwandeln. Sie und Steve waren in der Lage, ein ganzes Haus auf der Rückseite einer Serviette zu entwerfen. Es machte mich beinahe krank, doch ich fühlte mich durch die Tatsache getröstet, dass sie das, was *wir* an künstlerischem Know-how in ihre Projekte einbringen konnten, liebten. Und es stellte sich heraus, dass wir gut zusammenarbeiteten.

„Sag mal, hast du schon gesehen, wie dick die schwarze Stute nebenan geworden ist?" Bridgette hörte auf, sich um die Erfrischungen zu kümmern, und zog einen Stuhl heran. „Wann wird sie wohl fohlen?"

„Ich habe keine Ahnung", sagte ich. „Aber ihr Bauch ist wirklich enorm groß."

Das stimmte. Maria, das wunderschöne, schwarze Pferd, für das Flash Zäune und Gatter durchbrochen hatte, erwartete ein Fohlen. Da gab es keinen Zweifel. Wir beobachteten sie Woche um Woche, wie sie von einer geschmeidigen Füchsin zu einer *Big Mama* wurde. Sie trabte nicht länger mit ihren Freunden über die Weide, sondern schritt langsam daher, als wolle sie das neue Leben in ihrem Innern schützen.

Flash hatte keine Ausbruchversuche mehr unternommen, doch er lungerte jeden Tag am hinteren Gatter und rieb seine Nase zärtlich an ihrem Maul, wenn er konnte. Es war ein süßer Anblick, doch wir hofften immer noch, dass er nicht für ihre Gewichtszunahme und die geschwollenen Fesseln verantwortlich war. Denn auf der Weide waren ja auch noch zwei Hengste, und so standen die Chancen gut, dass Flash aus dem Schneider war.

„Hast du eine Ahnung, ob *Hay-soos* der Vater ist?", fragte Bridgette mit einem Augenzwinkern. Sie hatte von Flashs Rendezvous mit der süßen Stute gehört.

„Bridgette, du weißt doch, dass er Flash heißt, nicht wahr?", lachte ich. Die Sache mit dem falschen Namen hatte nun wirklich lange genug angedauert.

„Natürlich weiß ich das, aber es ist halt mein kleiner eigener Name für ihn", antwortete Bridgette.

Sie sah dabei so aufrichtig aus, dass ich ihr nicht mehr böse sein konnte. Und überhaupt spielte es keine Rolle, wie sie ihn nannte. Was zählte, war allein, wem er gehörte, nicht wahr? Er gehörte mir, also welchen Unterschied machte es? Überhaupt keinen. Unser Gespräch über Flashs Namen verlief viel einfacher, als ich erwartet hatte. Warum hatte ich mich so davor gefürchtet?

„Angesichts ihres Umfangs ist es wohl wahrscheinlicher, dass einer der großen Hengste da drüben der Erzeuger ist", sagte ich. „Jedenfalls hoffe ich das. Das Letzte, was wir gebrauchen könnten, ist eine Sorgerechtssituation." Mit jedem Tag, der vorbeiging, fürchtete ich, unser Nachbar würde mit Papieren und einer Vaterschaftsklage kommen. Wahrscheinlich würde er mit den Sheriffs und allem Drum und Dran auftauchen. *Bitte, lieber Herr, lass dieses Fohlen ein Pferd und kein Maultier sein.*

„Da solltest du wohl die Daumen drücken", lächelte Bridgette.

„Oh ja, allerdings. Wir haben ohnehin vor, Flash sterilisieren zu lassen, sodass wir dieses Problem künftig nicht mehr haben." Ich zog eine Grimasse beim Gedanken an die bevorstehende Operation.

Wir konzentrierten uns nun auf das Geschäftliche. Ich sah mir die Pläne an und machte mir Notizen. Ich kniff die Augen zusammen und starrte ins Leere, um mir die Optionen für den Raum vorzustellen. Die größte Herausforderung war die Kreation eines Kunstwerks in einer spezifischen Braunschattierung auf einer etwa sechs Meter hohen Wand. Aufzüge und Flure würden diesen Raum durchbrechen, daher musste etwas in Teilstücken angefertigt werden, jedoch nahtlos wirken. Wir hatten einen guten Start für das Projekt an sich hingelegt. Aber ich wusste, wir benötigten eine wirkliche Wow-Idee, damit der Besitzer des Luxusapartments Ja sagen würde.

Nach unserer Besprechung ging ich nach Hause, eine blühende, ganzjährige Pflanze aus Bridgettes Garten lag ganz oben auf meinem Musterstapel. Ich ging vorsichtig über das Viehgitter zwischen unseren Grundstücken und Flash stieß am Torfosten zu mir. „Hallo, mein Freund." Ich legte meine Sachen auf den Boden und kraulte ihn unter seinem schmuddeligen Kinn, über seinen Kopf bis zu den Ohren. Eine Wolke von seinem letzten Staubbad wehte durch die Luft und legte sich wieder. „Nun, was wird das Baby sein, hm?", fragte ich ihn, aber er blieb still. Stattdessen drehte er sich und streckte mir sein Hinterteil entgegen.

„Schön", sagte ich. „Du willst nicht mit mir reden, aber ich soll deinen Hintern kratzen?! Ich hab's begriffen." Flash ist ein Tier, das nicht viele Worte macht, aber Flash weiß genau, wie er kommunizieren kann, wenn ihm danach ist. Er liebt es, wenn man ihm sein Hinterteil – die einzige Stelle, an die er nicht mit seinen Zähnen reicht – kratzt. Er drehte den Kopf, sah mich mit einem „Nun, worauf wartest du noch?"-Ausdruck an und entspannte seine Hinterläufe in Erwartung einer Massage.

Also tat ich ihm den Gefallen und kicherte halblaut über die seltsame Situation – wie ich da auf dem Feld stand und den Rücken meines Esels rubbelte, nachdem ich gerade ein nobles Geschäftstreffen hinter mich gebracht hatte, um bei Kräckern und Brie die Gestaltung eines Luxusappartements zu besprechen.

Ich schaute über Flash hinweg auf das Feld hinter ihm und erinnerte mich, wie dort Tom einen Campingstuhl aufgestellt hatte. Er war so geduldig gewesen, hatte vorgegeben, Flash zu ignorieren, indem er sich in ein Buch vertiefte oder Vögel beobachtete, sodass der Esel sich langsam an seine Gegenwart gewöhnen konnte. Flash war immer näher gekommen, noch voller Furcht vor Misshandlung. Doch er hatte sanfte Worte und Berührungen bekommen. Erst ein Streicheln über die Nase. Dann eine Hand auf seinem Nacken. Er hatte zitternd dagestanden, als Tom über sein raues Fell gestrichen hatte, über die Brust und die Schultern.

Seine Furcht wurde nach und nach durch Vertrauen ersetzt, und er vergalt es Tom, indem er sein treuer Begleiter wurde. Er folgte ihm überallhin, hing stets in der Nähe herum, wo Tom arbeitete, verfolgte neugierig alles, was er tat. Liebevoll und verspielt lehnte er sich gegen ihn, knabberte an seiner Wasserflasche, schnüffelte an seinen Hosentaschen.

Flash hätte mich den ganzen Nachmittag lang seinen Rücken rubbeln lassen, aber ich hatte noch anderes zu tun. Nach einem letzten staubigen Klaps und einer Umarmung seines Halses ging ich zum Haus zurück.

• • •

„Hör mal, was ich mir überlegt habe", erzählte ich Tom, nachdem wir später in der Woche das Apartment besichtigt hatten. „Wie wäre es mit einem venezianischen Stuck auf 60 Zentimeter großen Quadraten, die wir in einem Raster über der ganzen Wand anbringen? Wir würden die Schablonentechnik verwenden, um ein paar lateinische Redewendungen darauf zu prägen, die über die Tafeln verlaufen würden, um sie visuell miteinander zu verbinden." Ich glaubte, das Problem damit auf geschickte Weise zu lösen, und war sehr stolz auf meine Idee.

Tom dachte ein paar Augenblicke darüber nach, dann sagte er langsam: „Ich glaube, wir könnten das besser machen." Er griff nach einem Stück Millimeterpapier. „Ich mag die Idee mit den Tafeln, und wenn ich korrekt gerechnet habe, brauchen wir fünfundvierzig Quadrate, um die Wand zu bedecken. Aber wie wäre es, wenn wir individuelle Worte prägen würden, die ein ‚erfülltes Leben' auf jeder Tafel beschreiben? Um einen echten Volltreffer zu landen, könnten wir für jedes Wort eine andere Sprache verwenden. Damit würden wir sowohl die Reisen als auch die Werte unseres Kunden abbilden."

Ja, das war besser. Es war tatsächlich brillant. Wir präsentierten die Idee und der Kunde war begeistert.

Nachdem das Design abgesegnet war, führte Tom den Verputz aus, während ich nach Worten suchte, die für ein erfülltes Leben standen. Und genau *das* ist eine Form von Kunst, die ich liebe, denn sie kombiniert die Ästhetik mit einer sinngebenden Botschaft. Und es brachte mich selbst dazu, innezuhalten und darüber nachzudenken, was ein erfülltes Leben wirklich ausmacht.

Geht es dabei um Erfolg? Beziehungen? Erfahrungen? Charakter? Glaube? Was würde jemanden dazu bringen, über einen anderen zu sagen: „Diese Person weiß wirklich, wie man ein erfülltes Leben führt?" Das Konzept für die künstlerische Gestaltung war wirklich einfach. Doch die damit verbundenen tiefgründigen Fragen klangen in meinem Innern wider, während ich über die Merkmale nachdachte. Schließlich verwendeten wir folgende Begriffe:

Liebe
Ehrlichkeit
Freundschaft
Großzügigkeit
Freundlichkeit
Glaube
Geduld
Dankbarkeit
Frieden
Hoffnung

Jedes Element künstlerisch umzusetzen, erforderte Zeit. Zeit, um das richtige Wort zu wählen; Zeit, um es in eine andere Sprache zu übersetzen; Zeit, um eine Schriftart zu wählen; Zeit, um es auf der jeweiligen Tafel anzubringen. Wenn ich ein Wort wie *Liebe* oder *Dankbarkeit* oder *Freude* verwendete, dann dachte ich den ganzen Tag lang darüber nach, auch wenn ich bereits an etwas anderem arbeitete. Es führte mich zu einem bewussteren Umgang mit den Dingen, wenn ich arbeitete, mit den Kindern sprach, die Wäsche machte und Einkäufe erledigte.

Kann man Freude empfinden, wenn man eine Toilette putzt? Kann man Liebe empfinden, wenn man Erdnussbutter auf sein Brot streicht? Kann man Dankbarkeit empfinden, wenn man den Kopf aufs Kissen legt? Und ich begann, mir zu sagen, dass erfülltes Leben – in jeder erdenklichen Situation – möglich ist, wenn das Herz richtig ausgerichtet ist.

• • •

Das Apartmentprojekt würde mehrere Wochen in Anspruch nehmen. Bridgette und ich berieten uns regelmäßig und gingen mehrmals gemeinsam für das Dekor einkaufen. Unsere gemeinsame Aufgabe machte so viel Spaß, dass ich manchmal glatt vergaß, dass wir arbeiteten.

Eines Tages rief Bridgette mit aufregenden Neuigkeiten an.

„Hast du schon das neue Fohlen gesehen?", fragte sie. „Ich habe es nur flüchtig von meinem Fenster aus gesehen."

„Nein!", erwiderte ich atemlos. „Es ist also da? Wie sieht es aus?" Besorgt bohrte ich nach: „Sieht es aus wie ein Maultier?"

„Ich weiß es nicht. Es stand ganz nah bei seiner Mama."

Ich warf das Telefon hin und rannte aus dem Haus. Draußen stieß ich auf Grayson und packte ihn beim Arm.

„Das Fohlen! Maria hat ihr Fohlen geboren!", keuchte ich.

Wir öffneten das Gatter und liefen über das Feld bis zum Zaun. Beau schloss sich uns an, um zu sehen, was hier los war. Wir erreichten das hintere Gatter und kletterten auf die unterste Sprosse, um einen guten Blick zu haben. Wir lehnten uns im Sonnenlicht vor und konnten die Pferde auf der Mitte der Weide grasen sehen. Ich erhaschte einen Blick auf kleine Beine hinter der schwarzen Stute, die Gras kaute.

Geh zur Seite, Maria! Wir wollten unbedingt, dass sie sich bewegte. Dann sahen wir einen kleinen Schweif wedeln, doch der Körper des Fohlens wurde immer noch von Marias Gestalt verdeckt.

Auf Graysons Pfeifen hin hoben die Pferde die Köpfe und sahen zu uns herüber. Sie warteten einen Moment, dann trabte der Anführer, ein kupferroter Hengst, auf uns zu. Die anderen folgten ihm, die Stute und das Fohlen bildeten das Schlusslicht. *Immer noch nichts zu sehen!*

Noch knapp fünfzehn Meter, fast nahe genug, um es zu sehen. *Fast... fast da.* Die Gruppe hielt direkt vor uns an und bildete einen Klumpen rund um ihr jüngstes Mitglied, bevor sie langsam auseinanderfächerte. *Komm schon, komm schon...* Wir hielten den Atem an. Schließlich löste sich die Stute aus der Gruppe und stupste sanft ihr Fohlen an, wie Mütter es oft tun, so als ob sie sagte: „Begrüße diese Leute, mein Kind." Das Fohlen stolperte vorwärts und blinzelte uns überrascht an.

Endlich, unser erster Blick auf das Neugeborene!

Oh, du kleiner Schatz. Wie süß du bist!

Wir betrachteten das perfekte kleine Wesen und atmeten ganz langsam aus.

Du siehst aus wie deine Mama... und dein Papa.

Du bist dunkelbraun, mit unverkennbaren Markierungen.

Ein graues Maul.
Sanft umrandete Augen.
Viel zu lange Ohren.
Deine Mähne ist ganz struppig.
Dein Schweif ist lustig.
Dein Kopf ist nur ein wenig zu groß.

Kleiner Schatz, du bist ein Maultier! Ein wunderschönes, kleines Maultier.

Und dein Papa ist jener selbstzufrieden dreinschauende Esel auf der Nachbarweide. Wir brauchten nur einen Blick. Die starke Ähnlichkeit ließ keinen Zweifel zu. Wir hatten ein Maultierbaby vor uns. Und Flash war der Vater.

Die langen Beine des Fohlens trugen es in unsere Nähe, bevor es plötzlich bemerkte, dass seine Mutter ein paar Schritte zurückgeblieben war. Es hüpfte hoch, als ob es Sprungfedern hätte, und lief rasch an ihre Seite zurück. Scheu schaute es zu uns herüber, seine Augen blickten neugierig und erwartungsvoll aus einem Gesicht, das eine perfekte Mischung aus Flash und seiner Geliebten war.

„Kommt! Kommt her!", riefen wir der Gruppe zu, als sie durch das Gras auf unsere ausgestreckten Hände zukamen. Das Fohlen und seine Mutter blieben dahinter zurück, als wollten sie nicht zu nah an uns herankommen. Das Fohlen schien erst ein paar Tage alt zu sein. Seine Beine waren viel zu lang für den kleinen Körper, doch es sah robust und gesund aus. Was für ein kleines Wunder! Sein kleiner Schweif wedelte vor und zurück, während es beschloss, außerhalb unserer Reichweite zu bleiben.

Oh, es war so süß. Und mir wurde bewusst, dass wir wohl einen Besuch vom Büro des Sheriffs erwarten mussten, der uns auffordern würde, Verantwortung für das Fohlen zu übernehmen. Die

Wahrheit war nicht von der Hand zu weisen: Alles, was dieses Fohlen in sich trug, war deutlich erkennbar. Es hatte Eselsblut in den Adern, und das machte es für uns liebenswerter, als eine reinrassige Züchtung es hätte tun können.

Wann immer wir die Gelegenheit hatten, liefen wir zum Zaun, um die Entwicklung des Fohlens zu beobachten. Doch es blieb uns gegenüber scheu und wagte sich nie zu weit aus dem Blickfeld seiner Mutter weg. Flash überließ der schwarzen Stute die tägliche Fürsorge, während er aus der Distanz heraus das reizende Fohlen beobachtete, das seine Merkmale trug. Er sah nachsichtig zu, wie das kleine Maultier umhersprang und seine Hufe mit ungestümer Energie zum Einsatz brachte. Maria schien mit diesem Arrangement zufrieden zu sein. Sie kümmerte sich einfach um die Bedürfnisse ihres heranwachsenden Fohlens, ohne dass der eigensinnige Esel von nebenan sich einmischte.

Alle, die das Fohlen sahen, erlagen seinem Charme, selbst der Eigentümer der Stute war ganz hingerissen. Zu unserer großen Freude beschloss er, schließlich das Fohlen zu behalten. Wir konnten es sehen, wann immer wir wollten.

• • •

Der Sommer flog nur so an uns vorbei, während wir an dem luxuriösen Apartment arbeiteten. Bridgette und ich hatten eine letzte Besprechung, um die Details unter Dach und Fach zu bringen. Wir saßen in ihrem Büro, umgeben von Akten, Mustern, Farbstiften und Architekturplänen. Ich konnte mich wirklich glücklich schätzen, dass jemand von ihrem Format bereit war, mich unter ihre Fittiche zu nehmen und mir beizubringen, wie ich weiterkommen konnte.

Ich hatte schon so viel gelernt: wie man Designboards schuf, wie man Präsentationen durchführte, wie man Baupläne las. Manches fühlte sich zwar noch immer so an, als wäre es beinahe eine Nummer zu groß für mich, aber ich bemühte mich sehr, so kompetent und selbstbewusst zu wirken wie Bridgette.

Ich schaute auf die Mängelliste, die sich in meinen Händen befand. „Tom und ich werden vor Ort sein, wenn der Kronleuchter installiert wird", erklärte ich Bridgette. „Ich glaube, das ist das Letzte, was noch aussteht." Das Apartment war viel besser geworden, als wir gehofft hatten. Es war durch und durch *urban und modern*, mit einem Touch texanisch-rustikalem Flair. Das Kunstwerk, das die große Wand schmückte, war ein unglaublich fantastischer Blickfang in der Mitte des Raums, und es war sehr befriedigend zu sehen, wie alles aufeinander abgestimmt war.

„Großartig." Bridgette überprüfte ihre Notizen. Dann gab es eine kleine Pause. „Nun, also... Rachel, wie schaffst du das?", fragte sie, während sie ihren orangen Markierstift wegräumte und ihr Kinn in die Hand stützte.

„Wie schaffe ich was?" Ich war verwirrt von ihrer plötzlichen Frage.

„Du weißt schon." Sie schien nach den richtigen Worten zu suchen. „Wie kannst du eine... nun, eine so wundervolle Familie haben, bei allem, was du tust?" Ich schaute hoch und sah ihren ernsten Gesichtsausdruck. „Ich meine, du und Tom, ihr habt so viel um die Ohren – und doch macht ihr den Eindruck, als sei es ganz leicht, einander zu lieben. Ihr habt eine gute Beziehung zu euren Kindern und ihr strahlt immer einen solchen Frieden aus."

Bridgette hielt einen Moment inne, bevor sie langsam ergänzte: „Steve und ich sind immer an eurem Haus vorbeigefahren, als wir noch im Cottage wohnten, und manchmal konnten wir durch die Fenster zu euch ins Innere sehen. Es sah stets warm und einladend aus. Ich frage mich, wie du das alles schaffst."

Ich ließ meinen Kugelschreiber mit einem lauten Klick auf den Tisch fallen. Ich war sprachlos angesichts dieser Offenbarung und Bridgettes nächste Bemerkung ließ mich fast vom Stuhl fallen.

„Du scheinst so perfekt zu sein, und es ist schwierig, nicht von dir eingeschüchtert zu sein."

Eingeschüchtert? Von mir? Ich musste mich verhört haben. Solche Worte aus dem Munde der schönen, vollkommenen, erfolgreichen Bridgette? Von der Frau, die ich als jene betrachtete, die alles hat, die Brie mit Himbeerkonfitüre und Kräckern aß, ihr Berufs- und Privatleben perfekt in der Balance hielt und immer noch eine wespenschlanke Taille besaß.

Und plötzlich erkannte ich, dass Bridgette nur all die guten und schönen Dinge meines Lebens sah, nicht die weniger schönen, die ich zu verbergen suchte. Ich hatte mir stets eingeredet, sie sähe meine Mom-Jeans und unseren alten Wagen und meinen mangelnd professionellen Schliff. Deswegen hatte ich, verunsichert wie ich dadurch war, eine Mauer hochgezogen, die vorgab, ich hätte alles im Griff. Ich wollte nicht, dass sie – oder sonst irgendjemand – meine Kämpfe und Mängel sah, und so hatte ich sie auf Abstand gehalten und versucht, selbstsicher und unnahbar zu erscheinen. Ich hatte versucht, Sicherheit vorzutäuschen, und zwar aus der Distanz heraus.

Das war mein *Modus Operandi*: freundlich zu sein, aber ohne Freunde. Mit Ausnahme von Priscilla ließ ich nur sehr wenige Menschen wirklich an mich heran. Nur wenige kannten mein wahres Ich mit allen seinen Unzulänglichkeiten. Diesen *Modus*

Operandi hatte ich schon als schlaksiger Teenager begonnen, als ich mich neben den beliebten Mädchen und den erfolgreichen Sportlern an der Highschool so unsicher und altbacken fühlte.

Damals hatte ich gelernt, lustig und gesellig zu sein und meine Introvertiertheit hinter einer selbstbewussten Maske zu verstecken, um irgendwie dazuzugehören und keine Ablehnung zu riskieren. Und diese Geschichte wiederholte sich – nur dass ich jetzt keine Cheerleader mehr, sondern andere Frauen als besser, klüger, hübscher und vollkommener bewunderte. Bridgette verkörperte alle diese Eigenschaften. Ich sollte ihr besser nicht zeigen, wer ich wirklich war.

Doch diese Maskerade ließ mich einsam werden.

Bridgettes Frage allerdings öffnete mir die Augen. Ich war auf ihre Perfektion eifersüchtig und die ganze Zeit über war sie auf *mich* eifersüchtig gewesen! Und dabei war keine von uns beiden wirklich so, wie die andere dachte. Wir hatten beide eine falsche Wahrnehmung, die auf unserer eigenen persönlichen Unsicherheit basierte. Als wir so dasaßen, mit unseren sich beinahe berührenden Ellbogen, begann mein Verteidigungswall zu bröckeln, und mir wurde etwas Neues bewusst: Wir waren nicht länger zwei Frauen mit unterschiedlichem Hintergrund. Wir waren in der Furcht und im Vergleichen miteinander verbunden, die uns beide mit Misstrauen und Einsamkeit erfüllt hatten. Wir hatten uns miteinander verglichen und waren jeweils zu kurz gekommen. Jede von uns hatte ihre Schwachpunkte mit den Stärken der jeweils anderen verglichen und wir hatten uns beide hinter unseren Stärken verschanzt.

„Ach, Bridgette, wenn du die Wahrheit wüsstest! Wenn du wüsstest, wie sehr ich mich darum bemüht habe, eine gute Mama zu sein und eine gute Ehe zu führen trotz der Schwierigkeiten, mit denen wir zu kämpfen haben. Vielleicht habe ich den Eindruck erweckt, dass es einfach ist, weil ich es so aussehen lassen wollte. Doch um ehrlich zu sein: Ich habe öfter Misserfolge als Erfolge. Ich bin nicht besonders gut darin, mehrere Aufgaben gleichzeitig zu jonglieren. Ich halse mir immer mehr auf, als ich schaffen kann. Ich bin einfach schlecht organisiert und zerstreut." Ich seufzte. „Ich war die ganze Zeit über von *dir* eingeschüchtert. Ich war davon überzeugt, ich könnte niemals mit dir mithalten – mit deiner Klugheit, Kompetenz und deinem Talent."

Verwundbar. Entblößt. Aber endlich authentisch und echt. Ich hatte mein Inneres nach außen gekehrt und hielt den Atem an. *Bitte verletz mich nicht.*

Ich war erleichtert, als sie sehr sanft und vorsichtig reagierte.

„Wow." Bridgette sprach das Wort so weich aus wie ein Karamellbonbon. „Ich glaube, wir können eine Menge voneinander lernen." Ich nickte und schluckte den Kloß in meiner Kehle hinunter.

Die Dämmerung brach herein, als Bridgette und ich nach draußen auf die Veranda gingen. Es war Zeit für mich, nach Hause zu gehen. Die Luft des späten Frühlings legte sich kühl auf meine Haut und strafte die Wärme Lügen, die sich sonst um diese Jahreszeit breitmachte. Ich sah die Pferde auf der Nachbarweide grasen, nur wenige Meter von Bridgettes Haus. Ihr leises Wiehern und Schnauben ließen vermuten, dass sie bald in die Scheune gehen würden, um dort die Nacht zu verbringen. In dem Moment trat ein kleines Paar langer Ohren in den Vordergrund. *Kleines Fohlen. Wie sehr ich deine genetische Mischung liebe!*

Bridgette legte sich ein perlenbesetztes Tuch um die Schultern und zeigte auf eine einsame Blüte mitten in dem verblühten

Grün früher blühender Blumen. „Schau dir meine letzte Blaue Schwertlilie an. Alle anderen haben schon vor Wochen geblüht, nur diese eine hat sich gestern endlich geöffnet! Ganz von allein. Ist das nicht fantastisch?"

„Wunderschön!" Ich bewunderte ihre gerüschten Blütenblätter. „Diesen Spätzünder muss man einfach lieben." Wir lachten.

Dann drehte ich mich noch mal zu ihr um und flüsterte: „Ich glaube, ich bin ein Spätzünder, Bridgette. Ich habe das Gefühl, in allem spät dran zu sein ... wenn es darum geht, Dinge zu begreifen, wenn es um Freundschaften geht, wenn es darum geht, meine Bestimmung zu finden." Ich atmete tief durch. „Doch vielleicht ist das in Ordnung, wenn am Ende ein so spektakuläres Finish kommt wie dieses."

„Ja, mir geht es genauso", sagte Bridgette. „Ich bin auch ein Spätzünder, meine Liebe. Besser spät blühen als nie, stimmt's?"

Wir lächelten einander an und schlugen verschwörerisch unsere Handflächen gegeneinander. Warum nur hatte es so lange gebraucht, dieses Juwel einer Freundin direkt vor meiner Nase wahrzunehmen? Vielleicht hatte sie mir ihre Freundschaft schon die ganze Zeit über angeboten. War ich etwa zu sehr damit beschäftigt gewesen, gleichmütig und selbstständig zu wirken? Zu besorgt, dass sie meine Mängel entdecken und mich ablehnen könnte? Wie immer hatte ich wohl die ersten und zweiten Angebote abgelehnt mit der Begründung, dass ich halt so bin. Ich hatte sie umkreist, hatte mich vor Verletzungen gefürchtet und doch am Ende Freundlichkeit erfahren. Ich war so dumm gewesen!

Danke, Herr, für dritte Chancen und manchmal auch vierte oder fünfte Chancen. Und danke für stählerne Magnolien aus dem Süden wie Bridgette.

Sie hatte mir geholfen, etwas Wichtiges zu begreifen: Ein erfülltes Leben hat mit Charakter zu tun. Es geht darum, all die guten Dinge, die sich im Innern befinden – Liebe, Großzügigkeit, Glaube, Freude – für andere sichtbar nach außen zu kehren. Doch es geht auch um die Menschen, die Teil unseres Lebens sind; die Menschen, die wir hereinlassen. Menschen, denen wir erlauben, den verwundbaren Teil unseres Ichs zu sehen: die Unvollkommenheiten, die Fehler und Unzulänglichkeiten. Denn nur wenn man aufhört zu vergleichen und zu verbergen, kann man zu blühen beginnen.

Ich erkannte, dass Charakter *nichts* bedeutet ohne Menschen, mit denen man ihn teilen kann. Der Charakter ist letzten Endes nur so gut wie die Beziehungen, die man pflegt. Ehrlichkeit, Liebe, Großzügigkeit und Vertrauen müssen auf jemanden ausgerichtet sein, sonst bleiben sie Theorie, statt Wirklichkeit in unserem Leben zu werden. In Sprüche 22,1 steht: *„Ein guter Ruf ist wertvoller als großer Reichtum; und angesehen sein ist besser, als Silber und Gold zu besitzen."* Innerhalb unserer Freundschaften, unserer Gemeinde und unserer Familie macht der Charakter den entscheidenden Unterschied.

Vielleicht geht es bei einem erfüllten Leben darum, unser Herz auf der Zunge zu tragen; *unser Inneres nach außen zu tragen*, so wie das kleine Maultier nebenan mit seinem ausgeprägten hellen Maul und den sanft umrandeten Augen. Es konnte seinen Vater nicht leugnen, selbst wenn es das gewollt hätte. *Doch gerade wegen dieser Sachen lieben wir es so sehr. Zu große Ohren, ein komischer Schweif... du liebes kleines Maultierfohlen.*

Wenn ein Leben erfüllt sein soll, geht es darum, Liebe und Furcht, Freude und Sorgen, Vertrauen und Unsicherheit – alles – ohne Scham zu zeigen. Es geht darum, aus sich herauszugehen, auf die Freundlichkeit in unserem Umfeld zu vertrauen und anderen zu erlauben, unser wahres Ich zu kennen.

Dann entsteht echte Liebe. Besser spät als nie.

....

Tragen Sie Ihr Herz auf der Zunge.
Ein aufrichtig gelebtes Leben ist ein erfülltes.

....

8.

Auf dem Trockenen

Dürre. In dem Jahr, als Flash bei uns ankam, wurde Texas von der schlimmsten Trockenzeit seit den 50er-Jahren getroffen. Viehzüchter mussten ihre Herden verkaufen und Farmer verloren ganze Ernten. Der Wasserstand in den Staubecken war auf seinem absoluten Tiefpunkt. An jeder Straßenecke und beim Friseur, im Café wie im Supermarkt wurde nur noch über das Wetter gesprochen.

„Das ist der *La-Niña*-Effekt", erklärte mir ein drahtiger Viehzüchter, während er seinen Kaffee im Foyer der Kirchengemeinde schlürfte. „Das passiert, wenn die kältere Luft und das Wasser im Pazifik auf den Ebenen und in den südwestlichen Teilen des Landes trockene Bedingungen hervorrufen. Wenn wir nur diesen *Wetterstrom* in Bewegung setzen könnten…" Er erklärte, wir bräuchten *El Niño* – das Gegenteil von *La Niña* –, damit strömender Regen fiel.

Andere waren davon überzeugt, dass finstere Verschwörungen am Werk waren.

„Mit Sicherheit die Regierung", sagte eine Freundin, die dafür bekannt war, Internetressourcen vermeintliche Insiderinformationen zu entnehmen. „Nun, vielleicht nicht wirklich die Regierung, aber eine geheime Organisation, die von der Regierung betrieben wird und Radiowellen kontrolliert, um das Wetter zu beeinflussen." Ausführlich erklärte sie, wie chemischer Dampf in großer Höhe willentlich von Flugzeugen produziert wurde, um weltweit das Wetter zu beeinflussen. Interessant. Ihre Theorie erklärte zwar nicht, warum die Regierung überhaupt auf so schändliche Weise agierte, sorgte jedoch für Gesprächsstoff.

„Globale Erwärmung", sagte eine andere Freundin. „Die Treibhausgase ruinieren unseren Planeten. Seht euch nur die Luftverschmutzung in Asien an, dann wisst ihr, warum wir leiden."

Wieder andere meinten, die Dürre sei das Ergebnis eines göttlichen Urteils, eine ernsthafte Anschuldigung des Staates, der sich selbst als Schnalle am *Bible Belt** betrachtete. Das erschien mir seltsam. Vielleicht war es vielmehr unsere Selbstgerechtigkeit – nicht so sehr offensichtliche Sünde und Ausschweifung, die in anderen Gegenden mehr anzutreffen war –, die zu beanstanden war. In jedem Fall war es keine schlechte Idee, in sich zu gehen und das eigene Gewissen zu prüfen. Der Gouverneur rief zu Gebetswachen im ganzen Bundesstaat auf und überall beteten die Menschen um Regen. Wir brauchten ihn unbedingt.

Flash tauchte auf, als die Regenmenge auf einen Rekordtiefstand zuging. Als wir begriffen hatten, dass die Dürre weiter

---

* Anm. d. Verlags: Bezeichnung für eine Gegend in den USA, in der evangelikaler Protestantismus ein integraler Bestandteil der Kultur ist. Dieses Gebiet erstreckt sich von Texas im Südwesten und Kansas im Nordwesten bis Virginia im Nordosten und Florida im Südosten (wikipedia.de).

anhalten würde, war er bereits Teil der Familie geworden, und egal, wie teuer das Heu und die Verpflegung für ihn sein würden, er würde bei uns bleiben.

Er war der Einzige, der die Probleme nicht zu bemerken schien, und ich liebte es, mit ihm herumzuhängen, während die Sonne dabei war, einen weiteren trockenen Tag einzuläuten. Ich bürstete sein glattes Sommerfell und besprühte ihn mit einem Fliegenabwehrmittel. Ich kratzte den Schmutz aus seinen Hufen und reinigte vorsichtig die Umgebung seiner Augen. Es sah so aus, als leide Flash an den gleichen Allergien wie wir, denn seine Augen tränten von Staub und Pollen. Flashs zufriedenes Gehabe und seine stille Wertschätzung meiner Fürsorge gaben mir stets eine gewisse Ruhe, während Tom und ich weiterhin darum kämpften, unseren Lebensunterhalt zu verdienen und die Erziehung unserer Kinder mitten in der Wirtschaftsflaute zu Ende zu führen.

Das musste man Flash lassen: Er hatte ein volles Programm. Flashs Tage sind so ausgefüllt, dass man sich fragt, wie er das alles schafft. Wenn ich eine Liste der von ihm täglich zu erledigenden Aufgaben erstellen sollte, würde sie in etwa so aussehen:

Aufwachen unter den Zedern
Die morgendliche Stille genießen
Zur hinteren Weide schlendern
Der Spur zur Scheune folgen und das Frühstück in
Augenschein nehmen
Heu fressen
Probleme der Welt lösen
Schläfchen halten
Süßhülsenbäume nach Blättern absuchen
Leckere Blumen zum Knabbern finden

Zur vorderen Weide schlendern
Körperteile an den Zaunpfosten reiben
Mit Nachbarn über den Zaun hinweg Kontakt halten
Geräuschvoll auf der Baumrinde und Unkraut kauen
Nahe beim Milchorangenbaum stehen und darauf warten,
dass ihm jemand eine Frucht pflückt und zuwirft
Schreien (am effizientesten ohne Vorwarnung)
Schläfchen halten
Nahe dem Gatter schauen, was die Menschen so treiben
In der Nähe der Scheune herumlungern
Ein Staubbad nehmen
Haufenweise koten (mehrmals am Tag, nicht spezifisch
geplant)
Vögel beobachten
Feierabend

Nachdem ich den Wasserstand in seinem Eimer überprüft und gesehen hatte, wie Flash Punkt 2 abschloss und zu Punkt 3 überging, packte ich ein Lunchpaket und griff nach meinen Kopfhörern, um mich auf den Weg zu einem Malereiprojekt zu machen. Tom lud meine Leitern und meine Utensilien ein. Er wollte den Tag damit verbringen, seinem Vater bei einem kleinen Nebengeschäft zu helfen. Der Tag versprach interessant zu werden, denn ich hatte noch nie zuvor eine Wand in einem Raum bemalt, der einen Indoorpool beherbergte. Ich freute mich darauf.

„Denk daran, dass Lauren und Robert und Meghan und Nathan am Wochenende nach Hause kommen", sagte Tom, als er durch die offene Scheibe unseres Wagens meine Stirn küsste. „Versuch, früh fertig zu werden, damit wir Pizza bestellen und uns gemeinsam einen Film ansehen können."

„Ich kann es kaum erwarten", sagte ich. Nichts klang verheißungsvoller als ein Wochenende, an dem wir Zeit miteinander verbringen und lecker zusammen essen konnten. Vielleicht könnte ich den Entwurf und die Untermalung bis zum Ende des Nachmittags fertigstellen.

Ich schaltete den Rückwärtsgang ein, als ein lautes Quietschen erklang. Das war neu. Wochenlang hatte ich die Anzeige „Motor überprüfen" auf dem Armaturenbrett ignoriert. Meine Vorfreude auf den Tag verschwand im Nu. Ich bremste. Tom und ich sahen einander an.

Nun? sagte mein Gesicht.

Keine Zeit, mich darum zu kümmern, erwiderte sein Ausdruck.

Meine Augen verengten sich. Ich hasse diese Schrottkiste.

Ich weiß. Er zuckte mitfühlend die Schultern und hob die Handflächen. *Ich auch.*

„Kommen Sie ums Haus herum und parken Sie hinten, neben dem gelben Jaguar." Die Stimme meiner Kundin sickerte durch die Sprechanlage, als das schwere Eisentor aufschwang. Ich fuhr durch den überwölbten Gang auf das ausgedehnte Anwesen und fand einen Platz zum Parken neben der Wagenflotte in der frei stehenden Garage, die sechs Wagen Platz bot. Obwohl ich mir Mühe gab, sehr langsam einzuparken, hallte das Quietschen unseres Wagens von den Wänden des Innenhofs wider. Wundervoll.

Ein gelber Jaguar, ein blauer Mercedes, ein Hummer, ein BMW-Cabrio und ein schwarzer Lexus standen sorgfältig nebeneinander aufgereiht und glänzten um die Wette. *Ich bin so froh, dass ich auf dem Weg in der Waschanlage war – nicht dass es einen großen Unterschied machen würde.*

Die Hausbesitzerin war die Ehefrau eines Mannes, der im Ölgeschäft reich geworden war. Als wir auf den Indoorpool zugingen, zeigte sie auf all die Schätze, die sie auf ihren Reisen gesammelt hatten.

„Sie waren vermutlich nie in China, aber ich habe mich in das asiatische Kunsthandwerk verliebt und habe einige große Stücke mit nach Hause genommen. Es kostet ein Vermögen, sie transportieren zu lassen, aber sie sind es wert." Ihr Monolog wurde von seltsamen Verbiegungen unterstrichen, die wie kleine Nadelstiche unter meiner Haut piekten, und wir hatten erst wenige Minuten des Tages hinter uns.

Sie stellte mich den anderen Beschäftigten des Hauses vor: dem Mann für den Fuhrpark, der Putzfrau, dem Fensterputzer und dem Mann, der sich um den Kamin kümmerte. Ich entdeckte sehr bald, dass sie mich nicht nur für das Malen, sondern auch zur Unterhaltung engagiert hatte. Leider hatte ich dafür keine Zeit einkalkuliert, und so war ich darauf erpicht, endlich den Pinsel in der Hand zu halten. Alle Kinder würden heute Abend zu Hause sein!

Es gab keine Minute zu verlieren. Ich versuchte, das Ausmaß des Projekts abzuschätzen, indem ich über meine Schulter blickte, als sie mich herumführte. Sie wollte, dass ich noch den neuen Ostflügel und die Indoortennisplätze sah, um ein Gefühl für die Umgebung zu bekommen.

Endlich kamen wir zum Schluss, sie entließ mich, um mit meiner Arbeit zu beginnen. „Ich lasse Sie jetzt alleine", sagte sie mit einem Winken ihrer Hand. „Ich habe im Nebenraum ein paar Onlineeinkäufe zu erledigen."

Der feuchte Poolraum beherbergte auch einen Indoorgarten. Meine Wandmalerei würde eine der Wände schmücken, um die

Illusion zu schaffen, der asiatische Garten würde in der Ferne weitergehen. Der Raum war mit tropischen Pflanzen, moosbedeckten Felsen und importierten Statuen vollgestellt, es gab kaum Platz für meine Leiter und mein Material. *Meine Güte, es ist wie in einer Sauna hier drin.* Ich spürte, wie mir der Schweiß den Nacken hinunterrann. Ich wusste sofort, dieses Projekt würde mich fordern.

Während ich meine Sachen zurechtlegte, fiel es mir schwer, den Gedanken an jene Anzeige auf dem Armaturenbrett und das demütigende Quietschen abzuschütteln, das meine Ankunft in dieser riesigen Villa im Norden von Dallas angekündigt hatte. Ich sollte für dieses Projekt dankbar sein! Aber es war nicht einfach, dankbar zu sein, nachdem man neben einem gelben Jaguar eingeparkt hatte. Ich war irritiert.

Ich steckte meine Ohrstöpsel ins Ohr und stellte auf meinem iPod Lobpreismusik ein, in der Hoffnung, dass sich meine Stimmung bessern würde. Als ich Chris Tomlins *My Chains Are Gone* („Meine Ketten sind fort") singen hörte, spürte ich, wie mein Puls sich beruhigte. Ich konzentrierte mich auf die Worte und ließ mich von der Musik berieseln. Ich holte meine Entwürfe hervor, die bereits von der Feuchtigkeit in der Umgebung durchgeweicht waren, und begann, die Wandmalerei vorzuzeichnen.

Um die Mittagszeit herum, als mein Magen zu knurren und meine Arme zu schmerzen begannen, hörte ich ein entferntes, gedämpftes Klopfen an der Scheibe. Ich drehte mich auf meiner wackelnden Leiter um und sah, wie die Dame des Hauses dringende Worte mit ihren Lippen formte. Sie zeigte auf die Tür, die in ihr Zimmer führte. Ich zog meine Ohrstöpsel heraus und kletterte von der Leiter, während sie die Tür zu meiner Sauna öffnete.

Ich schritt aus der feuchten Wolke in den klimatisierten Raum und sah mich flüchtig in einem Spiegel. *Hilfe!* Mein Haar klebte wie das tropfende Fell eines Eichhörnchens an meinem Kopf, Mascara hatte einen dunklen Kreis um meine Augen gebildet und lief mir die Wangen hinab und ein grüner Schnurrbart aus verschmierter Farbe schmückte meine Oberlippe. Ich sah aus wie jemand aus der Gothicszene. Außerdem war ich ziemlich sicher, dass mein Deodorant versagt hatte. Ich fühlte mich einfach nur schrecklich.

Meine Kundin dagegen duftete nach Freesien und Geld. Zwischen ihren manikürten Fingern hielt sie einen Katalog der neuesten Mercedes-Modelle, den sie auf den Tisch neben sich ablegte.

„Ich brauche unbedingt Ihre Hilfe", flehte sie mich an. „Sie haben doch ein geschmackvolles Auge. Ich weiß nicht, welchen Mercedes ich kaufen soll: Die klassische, dunkelgraue Limousine oder das kleine, rote Cabrio. Welcher der beiden macht am meisten her?" Sie sah mich mit ihrem perfekten Make-up an und erwartete eine Antwort.

Ich erwiderte ihren Blick mit meinen Waschbäraugen und meinem klatschfeuchten Haar, während ich meine von Farbe verschmierten Finger hinter meinem Rücken zur Faust ballte.

Ich fühlte mich *so* klein mit Hut.

Ich war wütend.

Und ich fühlte mich minderwertig, verschwitzt und war sauer.

Sagen Sie mal, haben Sie mein Wahnsinnsauto da drüben gesehen? Glauben Sie wirklich, ich wäre kompetent, um zu entscheiden, welcher Wagen sich am besten schickt? Vielleicht meine quietschende Klapperkiste? Ja, genau. Nehmen Sie doch meine Kiste.

Doch ich zeigte auf das rote Cabrio und hörte mich sagen: „Nehmen Sie den roten Mercedes! Er ist sportlich, auffällig und amüsant." *Hörte sich mein Lachen natürlich und leicht an? So wollte ich doch gern klingen.*

Der Rest des Gesprächs verschwamm ebenso wie die letzten Stunden des Arbeitens. Als ich meine Pinsel und Materialien zusammensuchte, um nach Hause zu fahren, bestand sie darauf, dass ich alles wieder auspacken sollte, um noch ein Möbelstück aufzubessern, das sie unbedingt für eine Party am Wochenende brauchte. Für mich war es nur eine weitere Methode, um mich klein zu halten und mich länger zu binden, als ich da sein wollte.

Auf meinem Heimweg in unserem roten Ford Explorer, der *wirklich* etwas hermachte (und noch dazu ohne Klimaanlage), war ich irritiert darüber, dass Gott sich nicht um mich kümmerte. Dass ich für jemanden arbeiten musste, der seine Überlegenheit so sehr zur Schau stellte. Ich wusste, jeder war von der Wirtschaftskrise betroffen, nicht nur die Farmer und Viehzüchter und Künstler, aber ich wünschte mir von ihm einfach eine etwas bessere Behandlung. Ich hatte die Nase voll von der Krise. Ich hatte die Nase voll davon, die Ausgaben zu kürzen und von einer Warnleuchte deprimiert zu sein. Und mein Haar klebte noch immer an meinem Kopf, mittlerweile ein verfilztes Chaos. Gerade jetzt hätte ich dringend Strähnchen gebraucht. Aber leider gab es nie *genug* – nicht genug Geld, nicht genug Zeit, nicht genug Erfolg, nicht genug von *irgendetwas*, um durchzustarten.

Als ich endlich zu Hause ankam, stellte ich den Motor ab und blieb noch eine Weile im Auto sitzen. Flash stand am Zaun, um mich zu begrüßen. Seine Flanken wölbten sich, um einen lauten Begrüßungsschrei auszustoßen. *Nicht jetzt, Flash. Verschone mich.* Ich selbst stieß einen Seufzer durch meine geblähten Wangen und stieg doch aus dem Auto aus, um ihn zu begrüßen. Die Kinder warteten bereits im Haus, aber ich brauchte ein paar

Augenblicke, um mich zu entspannen – und ja, warum sollte ich mich nicht vom Nebelhorn-ähnlichen Schreien meines Esels umblasen lassen, wo ich schon mal da war? Ich hielt mir vorsorglich die Ohren zu.

Flashs Lippen zogen sich zurück, und sein Kopf stieß vor, als er in einer wahren Klangexplosion seinen Schrei herausließ.

Iah, iah, iah!

Er pausierte einen Moment, dann ging es wieder los.

Iah, iah, iah!

„Schön, dich zu sehen, Kumpel." Meine Schultern hingen herunter, doch leider kann Flash keine Körpersprache deuten. Er achtete daher nicht auf mein Bedürfnis, mich zu sammeln.

Erwartungsvoll sah er mich an, um dann demonstrativ auf die grünen Früchte neben meinen Füßen zu schauen. Er hatte sich strategisch günstig neben dem Milchorangenbaum positioniert, der jenseits des Zauns stand. Die meisten Leute nennen ihn einen Heckenbaum oder einen „Pferdeäpfel"-Baum, wegen seiner seltsamen zitronengrünen Früchte, die wie übergroße Tennisbälle aussehen.

Sie sind steinhart und für Menschen wertlos, doch Pferde und Esel *lieben* sie. Flash hatte die Kunst, diese Frucht zu genießen, perfektioniert: Er hielt sie mit seinem Maul auf dem Boden fest und biss gleichzeitig mit seinen Zähnen Brocken heraus. Dann kaute er genüsslich auf dem Brocken, wobei seine Lippen genussvoll schmatzten und grüner Saft an seinem Maul herunterlief.

Ähem. Rachel, sieh mich an. Ja. Nun sieh auf den Boden direkt neben dir. Er hob den Kopf und seine Augen sandten unsichtbare Pfeile in Richtung der Früchte. Es war unmöglich, ihn nicht zu verstehen.

Gehorsam hob ich eine Frucht auf und warf sie ihm über den Zaun zu. Sie rollte über den Boden und kam vor seinen Vorderhufen zum Halt. Sein Kopf neigte sich, und er grub sein Maul gierig hinein, sodass der Fruchtsaft herausspritzte. Ich lehnte mich gegen den Baum und beobachtete, wie er auf dem holzigen Fruchtfleisch kaute. Seine Augen waren vor Entzücken halb geschlossen. Mit zwei weiteren Bissen hatte er die ganze Frucht verputzt und bat mich sofort um mehr. Eine frische Frucht fiel gerade auf den Boden. Ich nahm sie auf und hielt sie ihm hin.

„Was? Möchtest du diese, hm?"

Ich musste über Flashs Ausdruck grinsen. Seine Lippen sind so beweglich, dass er garantiert einen Türriegel damit öffnen könnte. Er hob eine Seite seiner Unterlippe an und blähte seine Nüstern, als ob er wüsste, dass ich ihn necke. Ein rasches Nicken seines Kopfes machte mir klar, dass ich nun Ernst machen und ihm die Frucht geben sollte.

„Okay, okay. Bitte schön." Er nahm die Frucht aus meiner Hand und setzte sie mit seinen Zähnen auf dem Boden ab. Dann hob er den Kopf wie der Gentleman, der er sein konnte, und dankte mir. Ich streichelte das Fell im Innern seiner Ohren, und er war glücklich, das Fressen aufzuschieben, solange ich ihn streichelte. Ich schaute über seine karge Weide und staunte darüber, wie er mit so wenig Gras auf dem ausgedörrten Boden leben konnte.

Das ist wirklich bemerkenswert. Flash findet überall genießbare Köstlichkeiten. Er frisst Unkraut, das Pferde beleidigen würde, und er liebt besonders das trockene einheimische Gras, von dem sich selbst die Kühe abwenden. Esel sind für die Wüste geschaffen und fürchten sich nicht vor der Dürre. Sie sind von Natur aus Stöberer, die Blätter, Rinde, Disteln und Gestrüpp suchen, wo einfaches Grasen nicht möglich ist.

Ich liebe es zu beobachten, wie Flash diejenigen Pflanzen heraussucht, die er mag, egal, wie klein sie sind, und sie mit der Präzision eines Chirurgen aus ihrer Umgebung herauspickt. Er wählt Grashalme aus, beißt sie in zwei Hälften und frisst seine Lieblingsteile wie ein Feinschmecker.

Flash findet besonderen Gefallen an den belaubten Spitzen von Süßhülsenbäumen, die auf seiner Weide und um sie herum wachsen. Irgendwie gelingt es ihm, die großen Dornen zu meiden, wenn er einen kleinen Zweig mit seinen Zähnen ergreift. Anschließend fährt er mit seinem Maul bis zum Ende des Zweigs und streift dabei die Blätter ab. Das tut er so genüsslich, als ob er Kaviar zu sich nähme … und kein einziger Kratzer bleibt auf seinen großen Lippen zurück.

Inmitten seiner täglichen To-do-Liste, seinem Appetit für Unkraut und Blätter und dem Heufressen in der Scheune lebte Flash wie ein König. Nun, ich war froh, dass *jemand* wie er hier war. Was für ein Charakter!

Meine Stimmung hatte sich dank Flash gehoben, und ich drückte ihm einen Abschiedskuss auf die Nase, um meiner Familie ins Haus zu folgen. Lauren und Robert, Meghan mit ihrem neuen Verlobten Nathan und Grayson jubelten, als ich durch die Tür trat.

„Jetzt kann die Party losgehen!" Sie wussten, wie sie mir guttun konnten.

• • •

Der Morgenkaffee duftete lebenserquickend, als ich im Bademantel in der Küche herumhantierte. Pizzaschachteln stapelten sich auf der Anrichte, zusammen mit dem Geschirr vom

Vorabend. Keiner von uns hatte den Film verpassen wollen und so hatten wir nicht aufgeräumt. Bevor die Meute wach wurde und ich das Aufräumen in Angriff nahm, wollte ich mir eine Tasse Kaffee gönnen.

Mein Handy klingelte und unterbrach den ruhigen Augenblick. So früh an einem Samstagmorgen? Es war Bridgette, die mich vom Haus ihrer Familie in Louisiana anrief, und etwas in ihrer Stimme beunruhigte mich.

„Was ist los, Bridgette?", fragte ich, und ich hörte sie zitternd Luft holen.

„Rachel", sagte sie. (Ich wusste sofort, dass etwas Schlimmes passiert war.) „Ich habe einen Knoten in meiner Brust entdeckt."

Worte, die niemand hören will.

Worte, die niemand sagen will.

Einen Knoten? Bitte, Gott, lass es nicht wahr sein.

Mein Herz setzte einen Moment aus, dann hielt ich mich an der Anrichte fest, weil meine Knie weich wurden. „Nein! Was? Wie? Bridgette, wie geht es dir?"

„Sie machen eine Biopsie, hoffentlich ist es nichts Schlimmes. Wahrscheinlich nicht, oder? Aber ich kann meiner Mutter doch nichts sagen, sie hat so ein schwaches Herz, und meinen Kindern will ich nichts sagen, bevor ich nicht sicher weiß, was es ist." Ihre Stimme schwankte. „Ich wollte nur ... ich wollte nur, dass du Bescheid weißt. Du bist die Einzige außerhalb meiner Familie, der ich das jetzt anvertrauen kann. Du musst es wissen, ich brauche deine Gebete."

Tränen der Furcht und Wut stiegen in mir hoch. Nein, nicht Bridgette. Nicht meine Magnolie aus Stahl. Nicht diese Frau, die Flash einen anderen Namen gegeben hatte, die ihre mehrjährigen

Pflanzen mit mir geteilt und eine unerwartete Freundschaft mit mir entwickelt hatte. Die Frau, die nicht gewusst hatte, dass sie eine Freundin brauchte. Ich konnte es nicht glauben.

Doch es war Krebs. Und er war schlimm. Es gab Operationen, Chemotherapie und Bestrahlung. Bridgette war krank und ihre schlanke Figur wurde während der Behandlungen immer dünner. Sie verlor büschelweise Haare, bis sie schließlich alles abrasierte.

Und inmitten alldem war Bridgette stark. Tom und ich brachten Essen und Blumen vorbei und schrieben ermutigende Karten, aber das kam uns alles nur so klein und dürftig vor angesichts dieser schlimmen Erkrankung. Vor allem beteten wir. *Bitte, lieber Herr Jesus. Lass ein Wunder geschehen. Heile sie.* Wir wünschten uns Gottes sofortiges Eingreifen. Einen Lichtstrahl vom Himmel, der den Krebs hinwegfegen würde.

Doch es sah so aus, als ob ihr Wunder einen langen, langsamen Weg der modernen Wissenschaft und der Krankenhauszimmer einschließen würde. Würde sich ihre Genesung durch die Pflege hervorragender Ärzte und Krankenschwestern und durch eine Medikamententherapie einstellen? Zu guter Letzt war es uns egal, auf welche Weise Heilung erfolgte, wir waren dankbar für jeden Schritt der Wiederherstellung.

Mitten in der monatelangen Behandlung begannen wir ein neues gemeinsames Designprojekt. Ich sah, dass eine Art Licht von Bridgette ausging. Etwas, das ich nie zuvor gesehen hatte. Sie stand da, völlig kahl, und führte Meetings durch, zeichnete Pläne und beriet über Designs. Wenn ihr einen Moment lang heiß wurde, klammerte sie sich an einen Stuhl, zog eine Schicht ihrer Kleidung aus, wischte sich ihren Nacken trocken und machte einfach weiter.

Sie umgab sich mit ihrer Familie und mit Freunden und sog jede Bibelstelle über Heilung in sich auf. Sie tanzte mit Steve auf dem Grundstück einer Baustelle und trug glänzende, riesige Ohrringe und farbige Schals. Es war, als ob sie all die schönen Dinge des Lebens in jeden einzelnen, wertvollen Tag quetschen wollte. Sie war schöner und strahlender als je zuvor. Und ich liebte sie umso mehr.

„Rachel, du kannst dir nicht vorstellen, wie befreiend es ist, kahl zu sein", sagte Bridgette eines Tages. Die Perücken, die sie zuvor sorgfältig ausgesucht hatte, in der Überzeugung, dass sie sie tragen würde, juckten nur auf ihrem Kopf. Sie sagte, sie fühle sich nicht authentisch, wenn sie sie trug. Also beschloss sie, sich der Welt *ohne* Perücke zu stellen. „Mir war nie bewusst, wie gut es sich anfühlen würde, all den Stolz fahren zu lassen, den ich in meine Haare gelegt hatte, und einfach zu sagen: *So* bin ich." Sie öffnete ihre Arme und hob ihr Gesicht zum Himmel, offen und frei, dankbar für das Leben, für den Atem und die Liebe. Sie griff nach meiner Hand und flüsterte: „Gott ist so gut."

Bridgette fand – genau wie Flash – einen Weg, mitten in der Dürre aufzublühen. Und beide halfen mir, meine eigenen Probleme aus einer anderen Perspektive wahrzunehmen. Denn sowohl Bridgette als auch Flash schienen für sich das Geheimnis entdeckt zu haben, im Überfluss zu leben, trotz der Schwierigkeiten, die sie durchmachten. Und ihr Vorbild machte mir deutlich, dass ich da in meiner Seele etwas zu klären hatte.

„Sei dort, wo die Früchte herunterfallen", schrieb ich in jenem Sommer in mein Tagebuch. Ich weiß nicht, warum sich dieser Satz in meinem Kopf festsetzte, aber es war so. Jene wertlosen Früchte vom Milchorangenbaum, die über die Wiese verstreut lagen, waren für einen Esel in einer kargen Landschaft wahre

Schätze. Und das Unkraut und die Kräuter, die jedermann achtlos ignorierte, waren für ihn der Lebensunterhalt. Irgendwo und irgendwie war mitten in der Dürre immer Überfluss zu finden. Und ich hätte das für mein Leben beinahe übersehen, weil ich stets nur nach den Weiden zum Grasen gesucht hatte.

Ich musste an den gelben Jaguar und die Kundin denken, die alles hatte, was man mit Geld kaufen konnte. Nun, nachdem ich mich nicht mehr wie ein fiebriges Eichhörnchen fühlte und mir wasserfesten Mascara gekauft hatte, konnte ich ein wenig klarer über die ganze Angelegenheit nachdenken.

Von dem Augenblick an, da ich durch das imposante Tor gefahren war und die Flotte der Luxusfahrzeuge erblickt hatte, hatte ich mich nur noch auf all die materiellen Dinge um mich herum und den Vergleich konzentriert. Ich dachte über unsere Kosten für den Kieferorthopäden, die Autoreparatur und Hamburger nach. *Hackfleisch, liebe Leute, kein Steak!* Ich lebte sicherlich nicht im Überfluss, doch mir wurde plötzlich bewusst, dass die Frau, auf die ich neidisch war und die das Bedürfnis hatte, den weniger Betuchten bei jeder Gelegenheit einen Stich zu versetzen, ebenfalls nicht im Überfluss lebte.

Hatte ich in ihrem Gesicht – hinter all der wunderschönen Fassade – nicht Enttäuschung aufblitzen gesehen? Ich fragte mich, ob die Stiefkinder, von denen sie gesprochen hatte, sie ablehnten und ob sie sich wünschte, dass ihr Ehemann öfter zu Hause war. Sie füllte ihre Tage mit Einkaufen, Umgestaltungen, Mittagessen und Partys aus, doch da war die Furcht zu spüren, dass alles eines Tages mit fortschreitendem Alter und aufkommenden Falten verschwinden würde.

Sie klammerte sich an einen Lebensstil, der Frieden schaffen sollte, doch stattdessen brachte er nur noch mehr Unsicherheit mit sich. Menschen, die genug haben, weisen nie auf die Mängel der anderen hin. Das sah ich nun ganz klar. Ein erfülltes Leben dreht sich offenbar um etwas anderes. Etwas, das tiefer geht und nachhaltiger ist als ein Bankkonto.

Ich ging mit meinem Notizbuch und meiner Bibel auf die Weide. Ich wollte zum Kern der Idee eines Lebens im Überfluss vordringen. Die trockenen Süßhülsenbaumfrüchte, die im warmen Wind schwebten, klangen wie mexikanische Rasseln, als ich den Staub von dem grünen Campingstuhl neben der Feuerstelle abwischte.

Wie gerufen kam Flash heran und schnüffelte an meiner Schulter. Er blieb in meiner Nähe, um mir Gesellschaft zu leisten. Er ging zu den Bäumen und fand einen schulterhohen Zweig, an dem er sich reiben konnte. Er arbeitete sich im Uhrzeigersinn vor und kratzte jeden Zentimeter auf dieser Höhe, bevor er dazu überging, Kopf und Schultern an einem höher hängenden Ast zu reiben. Ich glaube, dass er dieses Mal meine Körpersprache begriff, die ausstrahlte: „Ich bin mit Nachdenken beschäftigt", und so kümmerte er sich um seine eigenen Bedürfnisse.

Ich musste an Sprüche 6,6 denken: *„Beobachte die Ameisen, du Faulpelz! Nimm dir ein Beispiel an ihnen, damit du endlich klug wirst."* Nur dass ich mir ein Beispiel an einem Esel nahm, einem Tier aus alter Zeit, das in vielen wichtigen biblischen Geschichten auftaucht, genau wie im Leben dieser ganz normalen texanischen Familie. *War das ein Zufall?* Ich begann zu glauben, dass es kein Zufall war. Wie kam es nun, dass Flash immer zufrieden war? Was war sein Geheimnis von Fülle und Reichtum?

Meine Augen fielen auf Habakuk 3,17–19, wo eine trostlose Situation beschrieben wird: *„Noch trägt der Feigenbaum keine Blüten, und der Weinstock bringt keinen Ertrag, noch kann man* *keine Oliven ernten, und auf unseren Feldern wächst kein Getreide; noch fehlen Schafe und Ziegen auf den Weiden, und auch die Viehställe stehen leer."*

Wow, *das* ist wirklich Dürre. Klingt vertraut.

„Und doch will ich jubeln, weil Gott mich rettet, der Herr selbst ist der Grund meiner Freude! Ja, Gott, der Herr, macht mich stark; er beflügelt meine Schritte, wie ein Hirsch kann ich über die Berge springen."

Diese Verse sagen sehr deutlich, dass Freude und Kraft in Gott zu finden sind. Selbst mitten in der Dürre. Trotz aller Schwierigkeiten. Im Angesicht der Verzweiflung. Mitten in unseren Problemen. Okay, das konnte ich verstehen. *Doch wie genau funktioniert es?*

Flash verließ seinen Kratzposten und stellte sich neben meinen Stuhl, um am Notizblock auf meinem Schoß zu schnüffeln. Ich stupste ihn an und fragte: „Was meinst du, Flash? Gibt es darauf eine Antwort?"

Er ließ die Ohren schlenkern, als wollte er sagen: „Bemüh dich selbst. Ich kann nicht an deiner Stelle arbeiten." Ich drückte seinen Kopf zur Seite und suchte nach einem Schlüssel – und ich entdeckte ihn nach dem „und doch".

„Und doch will ich" zeigte mir, was ich wissen musste:
Ich muss mich dazu entschließen.
Ich muss mich dazu entschließen, mich zu freuen.
Ich muss mich dazu entschließen, dankbar zu sein.
Ich muss mich dazu entschließen, auf Gott zu blicken,
um Kraft zu bekommen.
Ich muss mich dazu entschließen, Früchte zu finden.
Es ist eine Frage meines Willens.

Aha! Die ganze Sache beginnt mit der Entscheidung, das Gute in meinem Umfeld zu sehen und in meinen persönlichen Umständen dankbar zu sein. In 1. Thessalonicher 5,18 heißt es: *„Dankt Gott, ganz gleich, wie eure Lebensumstände auch sein mögen. All das erwartet Gott von euch, und weil ihr mit Jesus Christus verbunden seid, wird es euch auch möglich sein."* Insofern entstehen Freude und Dankbarkeit in uns und um uns herum, wenn wir selbst in unseren Lebensumständen aufmerksam dafür sind. Bewusstes Danken bedeutet, demütig anzunehmen, was Gott uns in seiner Gnade schenkt, und ihn im Gegenzug dafür zu preisen. Dadurch wird ein Kreislauf der Fülle und des Reichtums geschaffen.

Flashs To-do-Liste ist eine vereinfachte Form davon. Er wacht jeden Morgen unter den Zedern auf und genießt das Geschenk eines neuen Tages. Er schlendert zur Scheune, um zu sehen, was dort auf ihn wartet. Er sucht an unerwarteten Plätzen nach Essbarem. Er frisst hartes Zeug zum Frühstück. Er nimmt Dinge, die von anderen verachtet werden, und genießt deren Nährstoffe, die er darin findet. Er bittet seine Gemeinschaft um Hilfe. Er positioniert sich strategisch geschickt in der Nähe von Früchten. Er lebt im Augenblick. Er erledigt gewissenhaft sein Geschäft. Er ist dankbar für kleine Freuden. Er wählt Zufriedenheit.

Und nichts davon hängt von materiellem Reichtum ab, nicht einmal von Gesundheit, wie Bridgette mir gezeigt hat. Sie kämpfte mit ihrer Angst, die mit Krebs einhergeht, mit ihrer Schwäche infolge der Operationen und mit ihrer Erschöpfung infolge der Bestrahlungen. Und inmitten alldem fand sie einen Weg, Gottes Liebe zu sehen. Sie beschloss, die Gaben wertzuschätzen, die mit dem Schmerz kamen: die Gabe der Freundschaft, der Familie und der täglichen Gnade. Sie lernte sogar, das Geschenk der Freiheit zu schätzen, das mit dem Verlust ihres Haares einherging.

„Dort zu sein, wo die Früchte herunterfallen" bedeutet: „Halte dich dort auf, wo die guten Dinge sind." Finde das Gute und gehe dorthin. *Geh einfach hin.* Denn das Gute kann einem nur begegnen, wenn man sich am richtigen Platz befindet.

Ich begann, ein Muster zu erkennen: Es ist alles eine Frage der Einstellung. Die Entscheidung, die Gnade eines jeden Augenblicks zu genießen und in der Dankbarkeit Reichtum und Fülle zu erfahren.

Ich musste lächeln, als ich daran dachte, wie Tom an einem Dienstagnachmittag auf dem Parkplatz eines Baumarktes meine Hand genommen und mich herumgewirbelt hatte, einfach so, ohne besonderen Grund. Ich musste an die Kinder denken und die Pizzaschachteln und wie sie alle nebeneinander auf dem Sofa saßen und mit Popcorn und Milchshakes einen Film ansahen. Ich dachte auch an unser quietschendes Auto.

Ich dachte an die Ehre, Bridgette gebackenen Schinken zu bringen. Der Bridgette, die gegen ihren Krebs mit Noblesse kämpfte, mit ihren großen Ohrringen und ihrer unverwüstlichen Freude. Und an die Wäsche, die Rechnungen und die Alltäglichkeiten, alles vermischt mit dem Glühen der abendlichen Leuchtkäfer, dem Morgenkaffee und den Campingstühlen rund um die Feuerstelle, auf einer Koppel, wo ein Esel herumlungert.

Es ist möglich, sich dort aufzuhalten, wo die Früchte herunterfallen. Selbst an einem heißen Augusttag, mitten in der Trockenheit, gibt es Früchte, die scheinbar wertlos aussehen wie steinharte Merkwürdigkeiten der Natur.

Doch sie sind so viel mehr!

Es ist das „Und doch will ich", das während einer Bergbesteigung voller Prüfungen Freude mit sich bringt und auf dem Gipfel die Siegesflagge hisst, die von allen gesehen wird. Es ist das

„Und doch will ich", das über die leeren Ställe und trockenen Felder und ertraglosen Weinberge hinaussieht und sich auf einen Erlöser konzentriert, der immer genug ist. Es ist der Pfeil, der auf einen Gott zeigt, dessen überschwängliche Gnade Leben gibt und erhält und unsere Füße auf den Höhen tanzen lässt. Es ist das „Und doch will ich", das sich täglich für Dankbarkeit entscheidet und für ein Herz, das über Gottes liebevolle Freundlichkeit jubelt.

Das ist das Geheimnis eines Lebens in Fülle und Reichtum.

....

Seien Sie dort, wo die Früchte herunterfallen.
Das Geheimnis von Fülle liegt in der Entscheidung für Dankbarkeit.

....

9.

Scheunenmanagement

Als Tom seine Stiefel auf der Matte vor der Küchentür abtrat, rief er hinein: „Dein Esel ist eine Plage. Ich kann nichts richtig zu Ende bringen, wenn er mir immer über die Schulter sieht." Tom kam herein, um sich für das Mittagessen zu waschen. Er war frustriert, weil er nicht so viel an seinem Umbauprojekt geschafft hatte wie geplant. Er war dabei, in der Scheune zwei Ställe zu einem Arbeitsraum umzugestalten. Und das selbst gesteckte Ziel dieses Morgens, einen neuen Unterboden auszulegen, hatte er einfach nicht erreicht.

Ich machte ein Schinkenbrot und öffnete eine Tüte Chips. Mir war es nicht entgangen, dass Tom Flash als „meinen" Esel bezeichnet hatte. *Oh, oh.* Genau so läuft es, wenn ein Elternteil die Verantwortung für eine Erziehungsmaßnahme auf das andere Elternteil abschieben will. „Dein Sohn könnte mal eine klare Aussprache gebrauchen." Oder: „Deine Tochter hat ihr SMS-Budget überschritten." Es ist eine subtile Art, dem anderen mitzuteilen: „Du bist an der Reihe, dich darum zu kümmern."

Also ging ich wie jede gute Mutter erst einmal in die Defensive.

„Er ist nur neugierig", sagte ich, um Flashs Verhalten zu verteidigen. „Du weißt doch, dass er immer wissen will, was los ist. Außerdem bist du sein Chef, und er will in deiner Nähe sein, also hab ein bisschen Nachsicht mit ihm."

Verstehen Sie mich nicht falsch, ich liebe diesen Esel über alles, aber ich fühle mich nicht verantwortlich für jeden Unfug, den er in der Scheune anstellt.

„Nun, er ist mir jedenfalls keine Hilfe", erwiderte Tom. „Er hat noch kein bisschen Arbeit geleistet, seit er hier ist, und nun hält er mich davon ab, meine Arbeit zu tun." Tom setzte eine empörte Mine auf, doch ich hörte bereits Nachsicht in seiner Stimme mitschwingen.

Tatsächlich ließ Flashs Arbeitsauffassung einiges zu wünschen übrig. So beeindruckend die Trampelpfade auf seiner Weide waren – sie waren bislang auch die einzige Leistung, die er erbracht hatte, seitdem er bei uns eingetroffen war. Doch selbst diese Arbeit ist fragwürdig, denn wir wissen, dass am Ende eines jeden Pfades Futter, Wasser oder ein Bad im Staub auf ihn warten. Man kann also kaum von einem uneigennützigen Einsatz sprechen.

Ich würde sagen, Flash versteht sich selbst eher als einen Aufseher und nicht so sehr als Arbeiter. Er hat ganz bestimmt Managementpotenzial, das muss man ihm zugestehen, auch wenn seine Sozialkompetenz ein wenig Korrektur gebrauchen könnte. Jedenfalls hat er etwas von einem Mikromanager. Und genau hier liegt das Problem.

Ein typisches Beispiel war dieses Umbauprojekt. In der Scheune gibt es nur eine einzige Tür, die zur Sattelkammer führt. Die Ställe bestehen aus Trennwänden, und der verbleibende

Raum ist überdacht, aber zur Weide hin offen, sodass Flash freien Zugang dahin hat, wie es ihm beliebt.

Flash hatte die Aufgabe übernommen, die gesamte Renovierung zu überwachen, indem er Tom bei jeder Bewegung genau im Weg stand. Er steckte den Bereich zwischen Tom und seinen Werkzeugen ab und drehte seinen Kopf hierhin und dorthin, um jeden Hammerschlag und jedes Sägen des Holzes zu begutachten. Er wedelte mit seinem Schwanz und schnüffelte an der Kiste mit den Schrauben, er stieß die Bohrmaschine um und trat auf das Maßband. Er leckte an Toms Wasserflasche und verschlang die letzten Krümel eines Müsliriegels. Außerdem furzte er ständig.

„Geh zurück, Kumpel." Tom schob ihn rückwärts, damit er an seine Wasserwaage herankam. Flash fügte sich eine Minute lang, war aber außerstande, Tom den nächsten Schritt allein tun zu lassen. Tom kniete auf dem Boden, um eine neue Leiste anzubringen, und spürte Flashs warmen Atem hinter seinem Ohr. Die Haare seines Mauls kitzelten Tom im Nacken, während er mit dem Abmessen beschäftigt war. Flash allerdings war mit seiner Position nicht zufrieden und rückte näher, bis sein Kopf über Toms Schulter hing, sodass er alles gut sehen konnte. Er tat seine Meinung mit einem leichten Wackeln seiner Lippen kund. *Rechts ein wenig höher*, schien er zu sagen.

„Hey, wie soll ich irgendetwas fertig bekommen, wenn du deinen Kopf auf mir ablegst?" Tom legte seinen Arm um Flashs Nacken und rieb ihm mit der anderen Hand übers Maul. „Du könntest mir wirklich helfen, indem du eine Ladung Holz vom Auto zur Scheune trägst." Angesichts eines so lächerlichen Vorschlags bog Flash seine Ohren seitwärts und seine Miene schien zu sagen: „Das meinst du nicht ernst, oder?"

Tom zog sich unter Flashs Kopf hervor und stand auf, um Material zu holen, das in der Sattelkammer lag. Er öffnete die Tür zu dem engen Raum und fand das benötigte Material an der hinteren Wand.

Klong, klong.

Klong, klong.

Bevor Tom sich umdrehen konnte, tappten vier Hufe hinter ihm in den Raum, wobei der Klang der Hufe an der Holzwand widerhallte.

„Das ist nicht dein Ernst, Flash?" Tom drehte sich langsam um, seine Arme hielt er in dem engen Raum über dem Kopf. Flash drängte Tom gegen die Regale, seine Stirn gegen Toms Brust. „Ich hole nur ein Verlängerungskabel. Du brauchst nicht nach mir zu sehen." Tom drückte sich gegen Flashs Schultern, um ihn rückwärts nach draußen zu schieben. Es war für Flash unmöglich, sich in dem engen Raum um die eigene Achse zu drehen. Er musste mit dem Hinterteil zuerst hinaus.

Flash rührte sich nicht vom Fleck. Er stand ganz still da und blinzelte geradeaus. Offensichtlich war er mit Toms Wahl des Kabels nicht einverstanden. Die schwere Last, jedes Detail um ihn herum managen zu müssen, ließ ihn einen tiefen Seufzer der Resignation ausstoßen. Oh, welch Mangel an Kompetenz!

„In Ordnung, du hast gewonnen. Ich nehme das andere Kabel." Tom zog das längere Kabel aus dem Regal und schlang es sich über die Schulter. „Jetzt zufrieden?"

Nur widerwillig klapperte Flash mit seinen Hufen rückwärts, die Stufe hinunter in die offene Scheune, wobei er einen Eimer Farbe umstieß.

„So viel zu der Idee, du wärest ein Nutztier." Tom stieß ihm spielerisch den Ellbogen in die Seite, stellte den Farbeimer wieder hin und kehrte zu seiner Arbeit zurück. „Du bist absolut nutzlos."

Ein Nutztier? Hey!

Inspiriert von Toms Vorschlag, Flash könnte eine Ladung Holz tragen, stellte ich ein paar Nachforschungen über die Fähigkeiten von Eseln an. Zu meiner Verwunderung und trotz Flashs nicht gerade glänzendem Beispiel lernte ich, dass Esel die bedeutendsten Nutztiere auf der Welt sind.

Millionen Esel weltweit verrichten die schwere Arbeit des Schleppens, Pflügens, Tragens, Mahlens und Ziehens. Arbeiten, die für Menschen in Entwicklungsländern lebenswichtig sind. Esel sind die Traktoren, Lieferwagen, Familienwagen, Trucks und kleinen Diener der Dritten Welt.

Fotos von schwer beladenen Eseln, die so aussehen, als ob sie den Bildern alter Bücher entstammten, sind in Fülle auf Google zu finden. Als ob die Zeit für diese liebenswerten Lasttiere stehen geblieben wäre, genau wie für die Menschen in armen Ländern, deren tägliches Überleben von Eseln abhängt. Selbst hier in Amerika werden Esel noch immer zum Reiten und zum Arbeiten eingesetzt.

Flash hatte insofern keine Ahnung, wie gut es ihm in seiner Aufsichtsfunktion auf unserem Stück Land ging. Höchste Zeit also, dass er lernte, wofür er geschaffen war.

• • •

„Mama, unserer Freundin Barbara geht es nicht gut." Meghan steckte eine ihrer roten Strähnen in ihren lose gebundenen Haarknoten und biss sich besorgt auf die Lippen. „Sie haben einen Palliativpflegedienst für sie bestellt."

„Oh, das tut mir sehr leid." Ich wusste, wie schwierig die Situation für Meghan und Nathan, die nun verheiratet waren, und für ihren Freundeskreis war. Nathan hatte sich einige Jahre zuvor mit Barbara angefreundet, die regelmäßig in dem Bereich des Restaurants gesessen hatte, in dem Nathan während des Studiums gearbeitet hatte.

Barbara war eine einsame Frau mit angeschlagener Gesundheit, die jemanden zum Reden und für gelegentliche Hilfe bei Besorgungen sowie im Haushalt brauchte. Nathan, Meghan und ihre Freunde hatten sich bereit erklärt, ihr beizustehen.

Barbara hatte keine Verwandten mehr, und ihre Gesundheit hatte sich derart verschlechtert, dass sie bereits auf die wöchentliche Fahrt zum Supermarkt und ins Café, die ihre Freunde ihr ermöglichten, verzichten musste. Innerhalb kurzer Zeit wurde sie arbeitsunfähig und war gezwungen, fast mittellos in einem kleinen Hotelzimmer zu leben. Mit fünfundfünfzig hatte sie die Gesundheit einer wesentlich älteren Frau und sie war verständlicherweise verbittert über ihre Situation.

„Nun, sie kann recht schwierig sein", erwähnte Meghan einmal. „Aber so ist sie halt. Sie hat ein schweres Leben." Damit wollte sie sagen, dass Barbara jemand war, den zu lieben nicht gerade leichtfiel. Sie hatte eine lange Liste von Dingen, für die sie Hilfe brauchte, doch sie war nicht immer dankbar für das, was andere für sie taten.

Mittlerweile hatten alle in der Clique eine berufliche Laufbahn begonnen. Es wurde schwieriger, Barbaras Bedürfnisse zu erfüllen, während sie mit größerer Verantwortung zurechtkommen mussten und Barbara mürrischer war denn je. Sie war nicht mehr in der Lage, die täglichen Verrichtungen zu tun – sich anzuziehen, zu waschen, Essen zuzubereiten.

Die Freunde jonglierten mit ihrer Zeit und taten ihr Bestes, um Barbara wenigstens mit dem Nötigsten zu versorgen. Meghan kümmerte sich um den häuslichen Pflegedienst, legte ein Schema für Besuche fest und übernahm sogar die Vollmacht für Barbara – und das alles während ihres ersten Jahres als Musiklehrerin. Wir fragten uns besorgt, ob das nicht zu viel für sie zu bewältigen war.

Doch Meghan und ihre Freunde waren voller Überzeugung dabei. Sie hatten Barbara als ihre persönliche Aufgabe in punkto Barmherzigkeit angenommen. Sie liebten diese schwierige Frau, die vom Rest der Welt vergessen worden war. Als sie nicht mehr aus dem Bett herauskonnte, griff der Staat ein und brachte sie in ein Pflegeheim. Und nun hatte die Palliativpflege begonnen.

Meghan begann, Vorkehrungen für Barbaras bevorstehendes Ableben zu treffen, aber es gab ungeklärte Fragen. Wenn eine Person Schutzbefohlene des Staates ist, wer kümmert sich dann um den Leichnam nach ihrem Tod? Wo wird sie begraben, wenn niemand da ist, der ihr Grab besuchen will? Was geschieht mit ihrem persönlichen Besitz, wenn es keine Angehörigen gibt, die ihn übernehmen könnten? Wer wird die Bestattungszeremonie für jemanden durchführen, der keine Kirche besuchen kann? Und wer wird zur Beerdigung eines Menschen kommen, der so allein gelebt hat?

Es gab niemanden sonst.

Die Clique würde Barbara bis zum Ende begleiten.

Leider starb sie, wie sie gelebt hatte – allein, mit Ausnahme der Palliativschwester, denn die Freunde konnten nicht mehr rechtzeitig bei ihr sein.

Der Gedenkgottesdienst für Barbara fand in einer kleinen Kapelle auf einem Universitätscampus statt. Das Steingebäude stand unter riesigen Eichen, und es klang gedämpft, als eine Handvoll Menschen – die ehemaligen College-Freunde – nacheinander eintraten. Auf einem Tisch im Eingang waren sorgfältig Fotos und Erinnerungsgegenstände aus Barbaras Leben aufgestellt: ihre Lieblingstasse, ihr oft getragener Hut, ein Gedicht, das sie geliebt hatte.

Meghan hatte aus dem Raum, in dem Barbara gestorben war, persönliche Gegenstände mitgenommen und lange überlegt, welche sie behalten sollte. Es gab keine Angehörigen, niemanden, der ihr Andenken pflegen oder über ein verblichenes Foto lächeln würde. Es gab nur jene kleine Gruppe junger Leute – eine kleine Oase der Liebe in einem harten Leben.

Tom und ich saßen in der zweiten Reihe und sahen zu, wie eines der Mädchen ein Blumengesteck aufstellte, das sie selbst angefertigt hatte. Ein anderes Mädchen verteilte ein gedrucktes Programm. Dann fing die Zeremonie an. Zwei von Barbaras Freunden begleiteten die kleine Trauergemeinde mit der Gitarre beim Singen. In dieser einfachen Kapelle klang *Amazing Grace* so wundervoll wie nie. Die Klänge wurden von den Steinwänden zurückgeworfen und ebbten in der winterlichen Luft leise ab. Meghan hielt eine kleine Trauerrede und Nathan die Predigt. Es waren wohlüberlegte Worte, sorgfältig ausgesucht, voller Zusagen und Wertschätzung.

Wir gedachten eines Menschen, der für den Rest der Welt bereits völlig aus dem Blickfeld verschwunden war. Ein Leben, das zum Ende hin sehr, sehr klein geworden war. Ein Leben, das manche als nicht sehr bedeutsam bezeichnen würden. Doch diese kleine Gruppe von jungen Menschen, die alle von Gnade erfüllt waren, hatte Barbaras Leben bekräftigt und ihr in Liebe gedient. Sie hatten persönliche Opfer gebracht, weil sie davon überzeugt waren, dass sie zum Dienen bestimmt waren. Barbaras Leben und ihr Tod hatten eine Bedeutung für sie.

Amazing grace! How sweet the sound…

Noch Tage danach gingen wir unserer Arbeit in aller Stille nach, zutiefst berührt von der Liebe, die wir bei diesem einfachen Trauergottesdienst gespürt hatten. Es war etwas Heiliges gewesen und weitere Worte waren überflüssig. Ich füllte Flashs Futterkrippe mit seiner täglichen Ration Heu, hielt seinen Kopf in meinen Händen und streichelte ihn unter dem Kinn. Er schien zu begreifen, dass ich nicht reden wollte. Er schnaubte leise, so als wollte er den leeren Raum füllen, der normalerweise von meinem Geplauder ausgefüllt war.

In der gleichen Woche erfuhren wir, dass zwei Einwohner unserer Stadt – Chris Kyle und sein Freund Chad Littlefield – getötet worden waren, als sie versucht hatten, einem Kameraden zu helfen. Wir waren fassungslos. Unsere Gegend trauerte um diese außergewöhnlichen Männer.

Für uns stand Barbaras Tod mit einem Mal in krassem Gegensatz zu Kyles Tod. Der Soldat der Spezialeinheit der US Navy, der ein Nationalheld war, war der Inbegriff des Dienstes für sein Land. Sein Bestseller und der gleichnamige Film *American Sniper* beschreiben sein Leben und seinen Einsatz für die Freiheit. Selbstaufopferung, Einsatz, Ehre… sein Leben war von diesen Dingen geprägt und berührte alle Menschen in seinem Umfeld, darunter auch unsere Familie. Kyle hatte an Graysons Highschool, die er selbst als Jugendlicher besucht hatte, mehrmals zu den Schülern gesprochen. Er hatte sie inspiriert, stets ihr Bestes zu geben und ihrem Land selbstlos zu dienen.

Wir konnten kaum glauben, dass jemand, der eine solche Größe erreicht hatte, aus *unserer* unbedeutenden texanischen

Stadt kam. Er war einfach ein Junge des 1992er-Schuljahrgangs, der herausgefunden hatte, was er besonders gut konnte, und schließlich zu dem am höchsten ausgezeichneten Scharfschützen der amerikanischen Geschichte wurde. Er war ein herausragender Held.

Und nun war sein Leben vorzeitig beendet worden.

Seine Beerdigung im *Cowboys Stadium* nahe Arlington, Texas, wurde im Fernsehen übertragen. Wir saßen zu Hause und sahen uns die Trauerfeier mit Tränen in den Augen am Bildschirm an. Ein mit der US-Flagge drapierter Sarg wurde langsam von Soldaten der Spezialeinheit der Navy getragen und inmitten von Dutzenden von Blumengestecken abgesetzt. Die vertrauten Klänge von *Amazing Grace*, gesungen vom Countrysänger Randy Travis, hallten in dem riesengroßen Stadion wider. Hochdekorierte Generäle erwiesen ihm mit ergreifenden Worten die letzte Ehre, Freunde hielten Lobesreden und seine Frau Taya teilte ihren tiefen Kummer mit ihnen.

Am nächsten Tag schlossen wir uns Zehntausenden Trauernden an, die sich am Highway zwischen Dallas und Austin aufgestellt hatten, um Kyle die letzte Ehre zu erweisen. Wir trotzten einem kühlen Regen und stürmischen Winden und hielten eine Flagge hoch, während die lange Prozession von Regierungsvertretern, Navy-Seals, Polizei und Feuerwehr, Familie und Freunden schweigend vorüberzog. Hubschrauber flogen über der Menge und Nachrichtenteams filmten den Anblick riesiger Flaggen über Brücken und Überführungen sowie die Menschen, junge und alte, die den getöteten Helden ehrten.

Der Tod dieser beiden Menschen innerhalb einer so kurzen Zeitspanne traf uns mit voller Wucht. Sie waren so verschieden… und doch gab es da eine Verbindung zwischen ihnen.

Einen gemeinsamen Faden, der mich nicht losließ. An den einen, der von Tausenden geehrt wurde, dachte man zurück, weil er einen außergewöhnlichen Dienst geleistet hatte. Bei der anderen, die von einer Handvoll Menschen geehrt wurde, erinnerte man sich an das, was sie nicht hatte geben können. Der eine hatte vielen gedient, die andere hatte Hilfe von einigen wenigen erfahren.

Zwei Menschen. Zwei Begräbnisse. Zwei Seiten des Dienens. Das machte mich sehr nachdenklich.

Obwohl der eine gab und die andere empfing, war es der *Dienst*, der dem Leben beider Menschen Sinn gegeben hatte.

Ich musste mich mit Flash besprechen, und er spürte mein Bedürfnis, mit ihm zu reden. Als Mitglied einer Spezies, die für den Dienst geschaffen war, hielt ich ihn trotz seines Mangels an praktischer Erfahrung für kompetent in dieser Sache. An einem kühlen Februarnachmittag setzte ich mich also mit einem Styroporbecher Kaffee in der Hand auf einen Campingstuhl in die Scheune – auf der Suche nach Erleuchtung.

Flash schnüffelte in meine Richtung, in der Hoffnung, während des Gesprächs ein paar Apfelstücke zu ergattern. Ich musste an die Esel denken, die ich im Internet gesehen hatte. Jene Esel, die aussahen, als ob sie geradewegs alten Geschichtsbüchern entsprungen wären. Sie waren mit hoch aufgetürmten Lasten beladen, zogen schwere Karren oder trugen von der Sonne gebräunte Männer mit Turbanen auf ihrem Rücken. Ihre flinken Hufe schienen durch Zeit und Länder zu hallen und geradewegs in das Alte Testament zu führen.

In der Bibel werden Esel als wertvolle Besitztümer beschrieben. Schließlich wurde damals der Reichtum eines Mannes in Land, Schafen, Gänsen und Eseln gemessen. Und Esel waren geschätzte Handelsware. Es war immer gut, ein halbes Dutzend davon in Reserve zu haben. Ich stellte mir vor, wie Frauen ihre Männer wegen neuer Stoffe ansprachen, die für eine begrenzte Zeit im Angebot waren, als reisende Kaufleute durch die Stadt kamen.

„Liebling, der Stoff kostet nur drei Esel! Das ist ein ganzer Esel weniger als der übliche Preis!" Fünfundzwanzig Prozent Preisnachlass war schon immer ein großer Kaufanreiz. Es gibt Dinge, die sich nie ändern.

Ich begann, mir jede Erwähnung von Eseln in der Bibel anzuschauen. Sie wurden als Indikatoren für Reichtum erwähnt, zeremoniell ausgesondert, von historischen Persönlichkeiten geritten und Esel sind eng mit dem biblischen Leben an sich verwoben. Ein Lasttier für die tägliche Arbeit, ein Requisit in einer Geschichte, ein Symbol für das Königtum. Von Abraham bis Jesus waren Esel dienende Tiere. Und einer konnte sogar sprechen!

Der Esel, der Maria, die Mutter von Jesus, trug, diente im Verborgenen. Er wird in den Evangelien noch nicht einmal erwähnt. Doch der rund 130 Kilometer lange Weg von Nazareth nach Bethlehem war wahrscheinlich nur mithilfe eines robusten Esels zu bewältigen. Ein Ritt auf dem knochigen Rücken eines Esels war sicherlich eine willkommene Alternative zu dem mühsamen Watschelgang einer Schwangeren durch schwieriges Gelände.

Ich betrachtete Flash und versuchte, mir diesen Weihnachtsesel in meinem Kopf auszumalen. Als Josef ihn sattelte und eine Decke für Maria auflegte, konnte der Esel nicht wissen, dass er die Reise seines Lebens vor sich hatte. Als er anhielt, um am Wegesrand zu grasen, und dann von Marias besorgtem Ehemann angetrieben wurde weiterzugehen, konnte das Tier ja nicht ahnen, dass die Reise in dem bedeutendsten Stall der Menschheitsgeschichte enden würde – einem Ort voller Heiligkeit, mit Engelschören, anderen Tieren und einem Baby, das in eine Decke eingewickelt wurde. Nun, den Teil mit anderen Tieren hätte er sich vielleicht denken können. Aber er konnte nicht wissen, dass sich in diesem Stall der gesamte Lauf der Geschichte ändern würde, *und er wurde ein Teil davon.*

Nein, er konnte es nicht ahnen. Er ging einfach nur seinen Weg.

Er tat, was man ihm aufgetragen hatte.

Er folgte Josef auf dem rund 130 Kilometer langen Weg. Sein Halfter aus grobem Zwirn rieb wahrscheinlich an seiner Nase, als er den künftigen Retter und seine junge Mutter trug. Er trottete über felsige Wege, Kopfsteinpflasterstraßen und staubige Pfade, um die kostbare Fracht zu befördern, die unsere Welt verändern sollte.

Er tat das, was Esel am besten können: Er diente.

Und dreiunddreißig Jahre später benutzte Gott einen anderen Esel, um den Erlöser auf einer weiteren außergewöhnlichen Reise durch Jerusalem zu tragen. Von Jesus sorgfältig ausgewählt konnte dieser Esel nicht ahnen, dass der Job, für den er ausgesucht worden war, Gnade und Vergebung bringen würde. Er trug Jesus über die unebenen Straßen, schritt vorsichtig über ausgebreitete Mäntel und Palmzweige, um Jesus dorthin zu führen, wo Erlösung stattfinden sollte.

Bejubelt, gefeiert und für seine Rolle berühmt bleibt dieser Palmsonntagsesel im Gedächtnis, wann immer die Geschichte erzählt wird.

Doch für einen Esel hatte er nichts Ungewöhnliches getan.

Er war einen Weg gegangen.

Und er hatte getan, was man ihm aufgetragen hatte.

Er hatte einfach das getan, was Esel am besten können: Er hatte gedient.

Führen Sie sich das vor Augen: Das Leben Jesu wurde von zwei Eselsritten eingerahmt. Der erste Ritt fand im Verborgenen statt und führte zu einem kleinen Stall in einer kleinen Stadt. Er endete mit dem Schreien eines neugeborenen Babys, ein paar Windeln und einer Gruppe von Hirten, die vom Feld gekommen waren, um einen Blick auf den verheißenen Erlöser zu werfen.

Der letzte Ritt fand durch eine jubelnde Menschenmenge statt, vor dem Hintergrund des Passahfestes und gesellschaftlicher Unruhen. Er führte zum Schlüsselmoment der Menschheitsgeschichte und endete mit dem Ausruf am Kreuz „Es ist vollbracht!" sowie einem leeren Grab.

Ich war von der Dramaturgie des Ganzen überwältigt und staunte, dass Gott ganz gewöhnliche Mittel benutzt, um Wunder zu vollbringen. Dort in der Scheune, mit meinem Kaffee in der Hand und meinem Esel, der sich *mindestens* für einen Manager im mittleren Management hielt, war ich überwältigt von dem Dienst, den diese Geschöpfe erfüllt hatten, um diese Geschichte Gottes möglich zu machen. Offenbar hatte Gott beschlossen, seinen Plan mithilfe von Lasttieren auszuführen, um die Menschheit mit seinem Geschenk der Gnade zu erreichen.

Ich setzte meinen Kaffeebecher ab und begann, Pinsel, Walzen und Holzfarbe vorzubereiten, um an einigen Schildern zu arbeiten, die wir für einen der Standorte eines großen Unternehmens gestalteten. Manchmal kann ich am besten nachdenken, wenn meine Hände beschäftigt sind. Ich stellte die Farbwanne auf und goss die kaffeebraune Farbe hinein.

Flash beobachtete jede meiner Bewegungen neugierig, bevor er nach vorn schritt, um die Farbe in der Farbwanne zu inspizieren. Er hielt die Nase dicht darüber und schien mir seine

Zustimmung zu geben, dass ich anfangen sollte. Wenn Hufe Daumen hätten!

Flash befürwortete den Stapel von den Packen mit jeweils vier Pfosten, die auf Bemalung warteten, war jedoch nicht einverstanden mit dem Seil, das sie zusammengehalten hatte und nun achtlos auf dem Boden lag. Er nahm es mit seinen Zähnen hoch und schüttelte es heftig vor mir hin und her. Er hatte recht: Seile sollten nicht einfach herumliegen und jemanden zum Stolpern bringen. Ich nahm ihm das Seil aus dem Maul, schlang es mir um den Arm und hängte es über einen Nagel.

Ein Pfosten nach dem anderen. Ich hatte den Eindruck, es würde ewig dauern, sie zu färben. Doch Flash blieb bei mir und leistete mir Gesellschaft. Er machte mir schweigend Vorschläge, wedelte ab und an mit dem Schwanz oder zuckte mit dem Ohr. Er schlürfte den letzten Schluck meines Kaffees und stellte sich dann auf den Styroporbecher. Er biss ein Stück davon ab und ließ es von seinen Lippen herabbaumeln. Ich kann nicht behaupten, er wäre mir bei meinem Projekt eine Hilfe gewesen, aber ich begann, etwas an ihm zu sehen, das mir die Idee des Dienens klarer erscheinen ließ.

Toms scherzhaft ausgesprochener Kommentar war falsch: Flash war nicht nutzlos.

Er diente einfach nur auf andere Weise.

Denn Flash hielt mir die beste Predigt, die ich je gehört habe, und zwar ohne ein einziges Wort.

Jene biblischen Esel. Meghan und ihre Freunde. Chris Kyle. Gewöhnliche Tiere wie Charaktere aus ganz gewöhnlichen Städten, deren Dienst für andere sie zu außergewöhnlichen Tieren bzw. Menschen machte. Demütige Persönlichkeiten, die herausgefunden hatten, wozu sie geschaffen waren. Sie dienten im

Verborgenen, suchten nicht nach persönlicher Ehre und gaben ein Stück von sich selbst.

Sie gingen ihren Weg.

Sie taten, was man ihnen auftrug.

Sie taten das, was Esel und Menschen am besten können: Sie dienten.

Durch ihren Dienst verliehen sie denen Wert, denen sie dienten.

Und durch ihre Hingabe veränderten sie die Welt. Sie wurden Teil der sich entfaltenden, erstaunlichen Gnade Gottes.

Und ich erkannte, dass Gott ganz gewöhnliche Menschen gebraucht – nichts ahnende Menschen, die aber bereit sind, unterstützend Rollen zu spielen – und sie in seiner großen Geschichte einsetzt, die auf der Bühne der Ewigkeit gespielt wird. Er nimmt Menschen, die bereit sind, sich satteln zu lassen, Lasten zu tragen und die Gabe des Dienens einzusetzen, und er stellt sie dorthin, wo sie ihre Fähigkeiten am besten anwenden können.

Vielleicht erwartet man nicht von Ihnen, dass Sie etwas Bemerkenswertes oder Denkwürdiges vollbringen. Vielleicht sind Sie einfach dazu berufen, 130 Kilometer lang an jemandes Seite zu gehen. Oder ein Freund für jemanden zu sein, der einen Freund braucht. Oder diese eine freundliche Tat zu tun, von der niemand je etwas wissen wird. Das könnte zum Beispiel so aussehen, dass Sie die Wäsche einer Frau waschen, die hilfsbedürftig ist. Oder ihr beim Duschen helfen. Vielleicht könnten Sie den Blumenschmuck für eine kleine Beerdigung in einer winzigen Kapelle ausrichten. Vielleicht bedeutet es, monatelang einen Job in Übersee zu erfüllen, weit weg von Ihrer Familie und Ihren Freunden. Es könnte auch so aussehen, dass Sie Windeln wechseln, Geschirr spülen, bei den Hausaufgaben helfen, eine Pfadfindergruppe leiten oder den Rasen des in die Jahre gekommenen Nachbarn mähen.

Dazu sind wir geschaffen.

Zu dienen.

Zu lieben.

Zu geben.

Und mit einem Mal erkannte ich es so klar.

Teil der Gnadengeschichte Gottes zu sein bedeutet zuzulassen, dass unser Leben von zwei Eselsritten umrahmt wird. Man tritt ein und man tritt ab, in demütigem Dienst. Es bedeutet, dass man durch das definiert wird, was man gibt, und nicht durch das, was man besitzt. Unser Leben wird nicht durch unser Talent, sondern von unserem Engagement geprägt. Nicht durch äußere Schönheit, sondern durch stämmige Hufe und ein bereitwilliges Herz.

„Sei ein Nutztier. Du bist dazu geschaffen, in Liebe zu dienen."

Diese Worte schrieb ich mit kaffeebraunen Fingern von meinem gerade beendeten Malprojekt in mein Tagebuch. Ich wusste, dass es Tage dauern würde, bevor sich die Farbe unter meinen Fingernägeln lösen würde. *Nun gut.* Ich hob meine Handflächen himmelwärts und sprach ein stilles Gebet. Flash kam heran, um zu sehen, ob sich etwas Essbares in meinen Händen verbarg, und sah mich anschließend fragend an.

„Nein, mein Freund, ich habe nichts für dich." Ich schüttelte den Kopf und hielt einen Moment inne. Ich fragte mich, ob er mich verstehen würde. „Ich hebe diese Hände zu Gott empor." Sie waren rau und mit Farbe beschmiert, klein und leer. Aber bereit zu arbeiten, bereit zu geben. Flash schnüffelte in meinen Handflächen und nickte zustimmend. Seine braunen Augen sahen mich an, seine weichen Ohren waren nach vorn gerichtet.

Er blinzelte mit seinen dunklen Augenlidern und ich legte einen Arm um seinen Nacken.

Was für ein Esel! Was für ein Nutztier! Was für ein Gott, der mir durch ihn Dinge zuflüstert.

„Hilf mir, anderen in Liebe zu dienen, auf die Weise, zu der du mich geschaffen hast." Mein Gebet drang durch das gewellte Metalldach und knorrige Äste in den Winterhimmel hinauf.

· ·

Seien Sie ein Nutztier.
Sie sind dazu geschaffen, in Liebe zu dienen.

· ·

10.

Veränderung liegt in der Luft

Das Wetter änderte sich. Zunächst war es wie ein kühler Märzmorgen, an dem alles grau und feucht ist. Man steht draußen mit in den Ärmeln verborgenen Händen und hochgezogenen Schultern und eingezogenem Kopf, um dem Wind zu trotzen. Und ganz plötzlich ist da ein Flimmern von Sonnenlichtsprenkeln, das auf die gefurchte Stirn scheint. Für einen kurzen Moment lang spürt man Wärme, bevor es wieder verschwindet. *Habe ich das wirklich gespürt? Oder habe ich es mir nur eingebildet? Nein, diese Wolken sind zu dicht, um die Sonne hindurchscheinen zu lassen.*

Doch ein wenig später spürt man erneut die Sonne auf dem Gesicht, diesmal für ein paar Sekunden, gerade lang genug, um die Hände aus den Ärmeln hervorzuholen und nach der Sonne zu greifen, bevor sie wieder verschwindet. Was dann auch ganz rasch geschieht, doch diesmal *weiß* man, dass man sie wirklich gespürt hat. Man musste sogar wegen der Helligkeit blinzeln und im Innern der Augenlider bleibt von dem unerwarteten

Lichtstrahl ein bizarres Muster zurück. Der Rest des Tages ist zwar grau und feucht und kühl, doch man spürt eine winzige Hoffnung und Freude, weil man diese beiden flüchtigen Momente erlebt hat (oder zumindest einen, denn der erste war vielleicht doch nur Einbildung).

Plötzlich denkt man an Ostereier und an die Tatsache, dass man noch nicht alles Feuerholz verbraucht hat und dass man die hübschen Winterstiefel noch nicht oft genug getragen hat. Man stellt fest, dass man schon vor Wochen Tulpenzwiebeln in den Kühlschrank hätte legen sollen, und es ist beinahe zu spät, wenn man in diesem Jahr blühende Tulpen haben möchte. Der Weihnachtskranz, der nicht mit dem Rest der Weihnachtsdekoration fortgeräumt wurde (man war damit einverstanden, weil er so nach „Winter" und nicht unbedingt nach Weihnachten aussieht und weil man außerdem keine Lust hatte, auf den Dachboden zu klettern, um ihn dort wegzulegen), wirkt nun völlig fehl am Platz. *Der Frühling ist im Anflug. Wir können unmöglich weiterhin einen falschen Kiefernkranz an der Tür hängen lassen!*

All diese Gedanken gehen einem durch den Kopf, obwohl es noch genauso kalt und ungemütlich ist wie zehn Minuten zuvor. Man hat sich so sehr nach ein wenig Sonne gesehnt, die die Wolken durchbricht, um eine neue Jahreszeit anzukünden, und nun, da es so weit ist, wird einem bewusst, dass man selbst noch gar nicht vorbereitet ist.

Das ist es, was ein Hauch von Veränderung auslösen kann (oder auch zwei, je nachdem, wie man es sieht).

• • •

Ich stand am Küchenfenster und schaute zu, wie Grayson Golfbälle in das Feld jenseits des Vorgartens schlug. Er brachte seinen Schläger in Position, verlagerte das Gewicht und führte ein paar kurze Schwünge aus. Voll konzentriert strich er mit der Zunge über die Unterlippe. Seine Arme führten einen klassischen Golfschlag aus. Der Ball flog über das hohe Gras hinüber zu den Eichen, die das trockene Bachbett säumten.

Beau, der früher mit Begeisterung Bälle zurückgeholt hatte, saß regungslos in der Nähe, zufrieden in der Rolle des Zuschauers. Seine Hüften und sein abnehmendes Augenlicht zwangen ihn zur Zurückhaltung, doch er beklagte sich nie. Sowohl Gray als auch Beau wurden älter, doch nur einer von ihnen wurde von Jahr zu Jahr stärker und größer. Der andere machte immer öfter ein Nickerchen und zuweilen war das Schwanzwedeln die einzige Form seiner Bewegung geworden. Grayson bückte sich und versuchte, Beau dazu zu bewegen, die Bälle zu holen, doch der war nicht besonders erpicht darauf, seinen gemütlichen Platz im Gras für die vergebliche Suche nach Bällen im Gestrüpp aufzugeben.

„Ich glaube, ich werde in der Scheune einen Bereich für Grayson schaffen, wo er trainieren kann." Toms Stimme klang über die Schulter an mein Ohr. „Er ist wirklich motiviert und will seinen Schwung verbessern. Aber er verliert so viele Bälle da draußen, und es ist so frustrierend für ihn, sie anschließend zu suchen." Er kratzte sich über sein Kinn. „Ich habe noch ein großes Netz, das wir über die Öffnung hängen könnten. Dann brauchen wir nur noch eine kleine Abschlagzone und die Sache ist geritzt."

So machten sich die Männer an die Arbeit. Natürlich war Flash mit von der Partie, um das Projekt zu überwachen. Wer weiß, was für einen Unsinn sie sonst anstellen würden! Eine mit künstlichem Rasen bedeckte Sperrholzplatte wäre der richtige Platz für Graysons Schwungübungen, waren sich die Männer einig. Flash schnüffelte an der Oberfläche und knabberte an den Ecken.

„Flash, das ist kein echtes Gras, du Dummkopf." Wir lachten über ihn und waren dann verblüfft, als er seinen Vorderhuf heftig auf das Kunstgras fallen ließ. Er blies durch die Nüstern und stampfte erneut mit dem Huf auf.

„Hey, Kumpel", versuchte Tom ihn zu besänftigen. Er streichelte ihm über den Rücken und lehnte sich gegen seine Schultern, um ihn von dem Kunstrasen wegzudrücken. Tom sah ihm in die Augen. „Du willst mir wohl nicht erzählen, dass du dich gegen das Golfprojekt hier drinnen sperrst, oder?"

Flash wackelte mit den Ohren, um anzudeuten, dass es ihm egal war. Anschließend drehte er sich auf den Hufen um und schlenderte davon. Ich wette, er wollte uns nur ein wenig foppen.

Grayson stand am nächsten Morgen früh auf, um vor der Schule ein paar Schwünge an seinem neuen Trainingsplatz auszuführen. Wie praktisch, alles schon vorbereitet zu haben! Er eilte zur Scheune.

Nach ein paar Minuten kam er mit einem seltsamen Gesichtsausdruck zurück. „Mama, jemand hat die Scheune verwüstet. Komm und sieh es dir an!"

Ich folgte ihm nach draußen und blieb bei dem Anblick, der sich mir bot, wie festgenagelt stehen.

Der mit Kunstrasen bedeckte Abschlagplatz war zerstört. Er war zur Seite gezogen, eingedrückt und von Schmutz bedeckt. An seiner Stelle hatte jemand die Schichten aus lockerer Erde und Hobelspänen beseitigt und den harten Boden freigelegt. Das

Netz war an einer Seite zerrissen, die andere Seite hing schlaff am Balken herunter. Ein umgestoßener Stuhl lag in der Ecke. Es sah aus, als ob ein Tornado gewütet hätte.

Doch der Höhepunkt befand sich direkt vor uns auf dem Boden: ein Haufen Eselkot, mitten auf dem schmutzigen Boden.

Eine Visitenkarte sozusagen.

Das Werk eines wütenden Esels.

Plötzlich dämmerte es mir: *wie damals mit den Weihnachtsschachteln.* Wie hatten wir das nur vergessen können? Vor ein paar Jahren hatte ich nach den Feiertagen die Schachteln mit der Weihnachtsdekoration in die Scheune gestellt, um sie vorübergehend dort zu lagern. Flash hatte abgewartet, bis niemand zusah, und attackierte dann die Schachteln. Wir hörten das Geräusch von zerdrückter Pappe und das Klirren von Christbaumschmuck, der auf den Boden geworfen wurde, bevor wir begriffen, was da vor sich ging. *Ade, liebe Christbaumkugeln, und ade, liebe Lichterkette.*

Und wie kam es, dass wir nicht an die Sache mit dem Zaun gedacht hatten? Tom versuchte immer wieder, einen neuen Zaun um einen kleinen Bereich auf der Weide zu ziehen, wo er ein Hockeyfeld geschaffen hatte, auf dem seine Teams trainieren konnten. Er schuf Stationen aus Kunsteis, das man ihm geschenkt hatte, damit die Spieler beim „Trockentraining" Pucks schlagen konnten. Er brauchte wirklich keinen sechshundert Pfund schweren Esel, der über das Kunsteis schlenderte oder an ungeeigneten Stellen seinen Kot zurückließ oder die Kunsteisschollen verschob oder an den Toren knabberte. Doch irgendwie gelang es Flash, die Absperrungen zu überwinden und in dem abgeriegelten Bereich aufzukreuzen. Er graste völlig gelassen, als ob alles völlig normal sei. Schaffte er es nicht, Veränderungen zu verhindern, konnte er wenigstens so tun, als ob sie ihn völlig kaltließen.

Und dann war da noch der Vorfall mit dem Anhänger. Es sei nur erwähnt, dass Flash es durchaus nicht schätzte, dass dieser Anhänger eines Tages in der Nähe seines bevorzugten Wälzplatzes auf der Weide abgestellt wurde. Er „lud" kurzerhand den Inhalt des Anhängers „ab" (was in Flashs Fall bedeutete, dass er in die Gegenstände hineinbiss, sie herauszerrte und hinauswarf), um an den Futtersack zu gelangen, der darunterlag.

Man kann getrost sagen, Flash heißt Veränderungen willkommen, solange alles beim Alten bleibt!

„Zu viele Veränderungen für einen Tag", sagte Tom, nachdem er das Chaos begutachtet hatte. „Wir hätten es schrittweise angehen lassen sollen." Er zog die ramponierte Abschlagzone aus dem Schmutz, um sie auszubessern, und klammerte das Netz wieder an seinem Platz fest. Ich beseitigte die „Visitenkarte" mit der Schaufel. Wir würden es noch mal versuchen.

Am nächsten Tag fanden wir das gleiche Chaos vor. Die Abschlagzone lag unter Schmutz begraben, das Netz war heruntergezogen, der Stuhl umgekippt und ein Kothaufen mittendrin. Immerhin war Flash konsequent. Und offensichtlich *zuverlässig*. Jeden Morgen schaute er genauso verwundert drein wie alle anderen, wenn wir kamen, um den Schaden zu begutachten.

„Warum schaut ihr mich an?", schien er mit einem *Pffft* zu fragen, wobei seine Lippen vibrierten. Als ob jemand anders für das Chaos verantwortlich sein könnte. Er zeigte keinerlei Reue. Nur ein leises Zucken seiner Ohren verriet, dass seine Unschuld lediglich zur Schau gestellt wurde.

Wir wiederholten das ganze Hin und Her, bis die Zerstörung nach und nach aufhörte. Flash konnte sich nie wirklich mit dem

Golfübungsplatz in der Scheune anfreunden, aber nach einer Weile gab er sich damit zufrieden, einfach nur etwas Schmutz über den Abschlagplatz zu treten und darüberzuschlendern, wenn ihm danach zumute war, um seine Missachtung für die Veränderungen zu demonstrieren. Er wollte, dass alles genauso blieb, wie es war. Er wollte einfach die Kontrolle über seine kleine Welt behalten.

Und ich konnte ihm das nicht vorwerfen, denn ich war eigentlich genauso.

Auch in meiner kleinen Welt gab es Dinge, die sich veränderten. Grayson war mittlerweile größer als ich, und ich konnte mich gar nicht daran erinnern, wann das passiert war. Seine Füße hingen über die Bettkante hinaus, und wenn ich ihn drückte, spürte ich, wie sein Körper die Matratze ausfüllte. Er würde bald aufs College kommen. Es gab für ihn Formulare auszufüllen, Prüfungen zu bestehen und eine Menge neuer Erfahrungen zu machen. Ich freute mich für ihn, doch gleichzeitig fragte ich mich, wie es sein würde, kein Kind mehr unter meiner Obhut zu haben. Ich spürte etwas Schweres wie zugleich Leichtes in meiner Brust.

Lauren und Robert wollten in Kürze eine Familie gründen. Bei diesem Gedanken explodierte fast mein Kopf. Es war erst wenige Jahre her, dass ich über die Fehlgeburt von Collin getrauert und verzweifelt gehofft hatte, die Leere in meinem Herzen mit einem neuen Baby zu füllen, und nun... nun wollte mein ältestes Kind selbst ein Baby zur Welt bringen.

Und Meghan war ja auch bereits erwachsen und verheiratet und arbeitete als Musiklehrerin. Es waren glückliche, wunderbare Veränderungen, aber wenn ich eine Schachtel zum Anknabbern oder einen Zaun zum Drübersteigen gehabt hätte, hätte ich das vielleicht getan.

Den Sonnenstrahl auf seiner gerunzelten Stirn spüren. Finger, die in Ärmel gesteckt sind und sich weigern loszulassen.

• • •

Eine E-Mail traf bei mir ein. Sie war von einer völlig fremden Person, die mich fragte, ob ich eventuell bereit sei, auf einer Frauenkonferenz ihrer Gemeinde in Illinois zu sprechen.
„Ich habe Ihren Blog (*homesanctuary.com*) gelesen und Ihre Worte haben mich berührt. Ich möchte Sie einladen, im Herbst bei uns zu sein und Ihre Erfahrungen mit den Frauen hier zu teilen", schrieb sie. Ich las die Mail mehrmals, um sicherzugehen, dass ich alles richtig verstanden hatte. Ich wollte sichergehen, dass die Aufregung, die mich überkam, begründet war.
Lauf mit den Pferden, Rachel. Lauf mit den Pferden. Oder laufe einfach davon.
Natürlich legte ich die E-Mail sofort beiseite. Ich formulierte aufrichtig eine Absage. „Vielen Dank für Ihre freundliche Einladung, aber ich fühle mich wie gelähmt. Ich habe an dem betreffenden Wochenende bereits etwas vor. Übrigens auch an jedem anderen Wochenende." Niemals könnte ich vor einer Gruppe von Frauen sprechen. Erinnern Sie sich an den Speichelfluss und das Blackout bei meinem Businessmeeting? Ich habe es noch immer nicht überwunden. Und außerdem habe ich nichts zu sagen. Einen Blog zu führen, ist *eine* Sache – man legt dabei seine Seele hinter dem PC-Bildschirm bloß. Ich habe jahrelang online geschrieben und es als kreatives Ventil und als Möglichkeit, anderen einen Zufluchtsort für ihr geschäftiges Leben zu bieten, schätzen gelernt. Damit hatte ich kein Problem. Doch vor einer Gruppe zu sprechen, ist eine *andere* Sache. Meine Erfahrungen mit anderen

Menschen zu teilen, die physisch anwesend sind, mich anstarren und sich Notizen machen – das macht mir schlichtweg Angst. Und die mir bekannten Stimmen in meinem Kopf begannen zu flüstern: Du bist ein Versager. Ein Betrüger. Du hast nichts mit anderen zu teilen. Du bist zu wertlos. Du bist nicht gut genug.

Erinnere dich an deinen Namen. Erinnere dich daran, zu wem du gehörst. Warte. Wie lautet noch gleich dein Name?

„Ich würde mich gerne etwas mehr mit Ihnen über diese Konferenz austauschen", schrieb ich zurück. Es war kein Nein, aber auch kein Ja. Eine unverbindliche Antwort könnte mir Zeit verschaffen. Vielleicht würde die Dame später Abstand nehmen, dachte ich.

„Wann kann ich Sie anrufen?", lautete die Antwort. Sie nahm keinen Abstand.

„Dienstag um 10 Uhr morgens wäre perfekt!" Warum ich ein Ausrufezeichen setzte, war mir ein Rätsel. Ich wollte doch eigentlich davonlaufen und mich verstecken.

Finde Zuflucht bei mir. Du kannst dich im Schatten meiner Flügel bergen.

Als wir begannen, uns telefonisch über die Konferenz auszutauschen, las ich die Seiten meines Tagebuchs und Blogs nach und arbeitete mich durch alte, hingekritzelte Notizen. Auch wenn der Boden unter meinen Füßen sich wackelig anfühlte, ich konnte in meinen Notizen kleine Botschaften entdecken. Ein Satz hier, ein Bibelvers dort, eine Eselgeschichte am Rande.

Sag Ja, Rachel. Lass es nicht zu, dass deine Angst dich daran hindert voranzugehen. Setze einfach einen Fuß vor den anderen. Bahne dir einen Weg.

Ich gab meine Zustimmung und von da an gab es kein Zurück. Doch es gab immer noch meine regulären Aufgaben: Leitern mussten getragen, Entwürfe gezeichnet, Projekte fertiggestellt, Rechnungen bezahlt und Abendessen gekocht werden. Die Wolkendecke war noch immer dicht, doch ich spürte einen wärmenden Strahl auf meinem Gesicht, der in mir die Hoffnung auf eine neue Jahreszeit entfachte. *Oder war das nur Einbildung?*

Die Konferenz verlief gut. Ich hatte mich sehr sorgfältig auf mein Referat vorbereitet und kehrte mit einer Handvoll goldiger Danksagungen und einem kleinen Gefühl von Selbstvertrauen nach Hause zurück. Wow! Und dann schlossen sich noch größere Gelegenheiten an. Ein paar Monate später saß ich einem Talentscout in Nashville gegenüber. Ich war dorthin eingeladen worden, um über Präsentationsformen zu sprechen und die Möglichkeit ins Auge zu fassen, eine Vortragstour zu machen, meine Kunst zu vermarkten und ein Buch zu schreiben. *Ich.* Ernsthaft? Mir wurde fast schwindelig vor lauter Ideen und Möglichkeiten! Was für eine unglaubliche Wendung der Ereignisse.

Doch ich vermasselte es gründlich. Ich ließ Anrufe unbeantwortet, verpasste einen Abgabetermin und vermied es, mich zu verpflichten. Mit anderen Worten: Ich ließ mich hängen. „Es wird nicht funktionieren, wenn ich motivierter bin als Sie", erklärte mir der Talentscout. Ich wusste, dass sie recht hatte.

Ist es nicht erstaunlich, wie sehr man sich nach Veränderung sehnt, nach etwas Neuem, nach einer besonderen Chance, nach einem Ende der Monotonie, nach dem Leben – danach, einfach aufzuhören und fortzugehen? Und wenn dann tatsächlich eines Tages die Möglichkeit zur Veränderung gegeben ist, dann beginnt man, rückwärtszurudern und alle möglichen Gründe zu finden, um beim Status quo zu bleiben. Man denkt, man sei nicht bereit für die Veränderung. Man denkt an alles, was man vermissen wird. Man tut sogar unbewusst Dinge, um das Vorwärtsgehen zu sabotieren.

Ich weiß noch, wie ich als Kind in der dritten Sitzreihe unseres Familienkombis saß – ein Wagen, der beinahe so lang war wie ein Ozeandampfer, mit falschen Holzpaneelen an beiden Seiten. Die dritte Sitzreihe war in diesem Modell nach hinten gerichtet. Und ich kann mich noch gut an das Gefühl erinnern, wie es war, durch die hintere Scheibe auf die Straße zu sehen und zu einem Ziel unterwegs zu sein, das ich nicht sehen konnte. Es fühlte sich an wie eine Zeitreise, allerdings von Reisekrankheit begleitet. Jedermann weiß, dass es keine gute Idee ist, in einem Fahrzeug entgegen der Fahrtrichtung zu sitzen. Ganz zu schweigen davon, ein Buch zu lesen, es sei denn, man hat eine Brechtüte bei sich.

Zu einem Ziel unterwegs sein, das man nicht sehen kann? Sehen, wie die Vergangenheit, der Ort, an dem man war, vor den eigenen Augen zusehends verschwindet? Selbst als neue Zeiten voller Möglichkeiten und persönlicher Weiterentwicklung greifbar waren, wollte ich am liebsten an allem festhalten, was ich hatte und was ich kannte. Das Leben – dieses wundervolle, chaotische Leben – war erneut im Begriff, sich zu verändern, und es gab noch so vieles, was ich in dieser Lebensphase nicht gemacht hatte.

Graysons letztes Jahr zu Hause hatte daher einen Zartbittergeschmack. Als wir damals in unser kurioses Farmhaus gezogen waren, war er gerade acht Jahre alt gewesen. *Acht!* Ein Kind mit einer Zahnspange und dem Hobby, Modellflugzeuge zu bauen. Lauren und Meghan waren auf der Highschool und ganz auf ihr Styling fixiert sowie auf den Chor, die Jugendgruppe und einen schwindelerregenden Terminplan voller Aktivitäten. Flash tauchte auf, als die beiden im Begriff waren, von zu Hause auszuziehen. Von daher habe ich irgendwann unseren Esel als kleines Geschenk von oben angenommen, das meine Gedanken beschäftigen und meinen Loslass-Schmerz als Mama besänftigen sollte.

Nun hatten die Mädchen das College hinter sich gebracht und waren verheiratet und Grayson würde in Kürze Luft- und Raumfahrttechnik studieren. Ich hätte nicht stolzer sein können. Oder untröstlicher.

Wie oft hatte ich mir gewünscht, davonzulaufen und mein Muttersein sowie meine Arbeit und all die Wäsche hinter mir zu lassen? Wie viele Diskussionen hatten Tom und ich über Haushaltsregeln, häusliche Pflichten, Aktivitäten, Haarschnitte und Hausaufgaben ausgefochten, die in mir den Wunsch weckten wegzugehen? Wie oft hatte ich mich über unseren alten Ford Explorer, die Arbeitsbelastung und die Verantwortung beklagt, ein Familienleben zu gestalten, was sich meistens eher wie das Hüten eines Sacks voll Flöhe anfühlte?

Doch nun war meine Zeit als erziehende Mutter so gut wie vorbei, und auf mich kam eine neue Bestimmung zu, die ich nicht erkennen konnte. Die große Unbekannte. Ich war einfach nicht darauf vorbereitet, meine aktive Rolle als Mutter wie einen winzigen Punkt auf der Straße verschwinden zu sehen. Ich hatte doch noch nicht einmal damit angefangen, die Erinnerungsalben der Kinder zu gestalten. Und ich hatte vergessen, Grayson zu zeigen, wie man Spannbettlaken richtig faltet. Meine frühere Zuversicht, all diese Dinge zu schaffen, bevor die Kinder das Haus verlassen, kam mir jetzt geradezu anmaßend vor.

Und darüber hinaus verschwanden nun auch noch die Pferde von der Nachbarweide. Die Mutter von Flashs Baby, sein kleines Maultier und der Rest der Gruppe zogen mit ihrem Eigentümer fort. *Nein!* Ich lehnte am Gatter, das noch immer fest verdrahtet war, nachdem Flash in jener Nacht durchgebrochen war, und suchte die Koppel mit meinen Augen ab, um irgendeine Spur von ihnen zu entdecken. Doch da war nichts. Ich fühlte mich seltsam leer, so als wäre mir etwas durch die Finger geglitten.

Das Gatter quietschte protestierend, als ich mich mit meinem ganzen Gewicht darauflehnte, so als wollte es mir sagen, ich sollte weitergehen. Doch ein Blick auf Flashs Gesichtsausdruck sagte mir, dass dies nicht einfach werden würde. Die Pferde waren für ihn die ideale Gesellschaft gewesen, wie sie täglich ihre Köpfe über den Zaun hängten und mit ihm plauderten. Wer würde ihm nun Gesellschaft leisten? Sicherlich nicht Beau. Wir würden uns etwas einfallen lassen müssen, doch ich wollte jetzt nicht darüber nachdenken.

Ein Windstoß und schon geschieht plötzlich eine Luftveränderung. Ein Telefonanruf mit der Bitte, einen Vortrag zu halten. Eine Einladung, einen profilierten Blog zu schreiben. Eine vertane Chance auf Berühmtheit. Eine Gelegenheit zur Veränderung in unserem Unternehmen. Unsere Kinder, die mit einem von Habseligkeiten vollgestopften Kofferraum davonfuhren. Ein Monat, in dem Projekte auf dem Computerbildschirm statt auf einer Leiter mit einem Pinsel in der Hand durchgeführt wurden.

Man meint oft, man hätte eine Ahnung, wie sich die Dinge fügen werden, doch in einem Moment erkennt man irgendwann, dass man rückwärtsfährt und jemand anders den Kombi steuert. Man kämpft um Kontrolle. Man trampelt auf einer Schachtel herum. Man hinterlässt eine Visitenkarte.

Und am Ende lässt man los.

Plötzlich wurde ich von all den Lebenslektionen, die Flash mir in den vergangenen Jahren beigebracht hatte, regelrecht überflutet. Die ganze Zeit über hatte Gott mir durch einen charmanten, starrsinnigen, süßen Esel mit vorstehenden Zähnen Dinge beigebracht. Und nun führte er mich – *uns* – durch weitere Schritte der Veränderung. Würde ich mich sträuben und jeder Veränderung widerstehen, oder würde ich es lernen, die Lektionen anzuwenden und meine alten Denkmuster zu korrigieren? Würde ich mich mit offenen Armen neuen Erfahrungen stellen, oder würde ich mich so sehr auf die Gegenwart und die Vergangenheit konzentrieren, dass ich sie verpasste?

Meine Notizen auf Zetteln hier und dort standen vor der Herausforderung, zum Leben zu erwachen... *Wirklichkeit* zu werden. Sie könnten Gestalt annehmen, ich könnte ihnen Atem einhauchen, sie könnten mehr werden als die Zettel, die bloß auf meinem Schreibtisch klebten. Wenn Gott real und wahrhaftig war und tatsächlich in alle Details meines Lebens eingebunden war, dann würde dies alles eine Bedeutung bekommen. Keine der Erfahrungen sollte dann vergeudet sein.

Doch das würde nur funktionieren, wenn ich bereit war, diese neue Lebensphase bewusst anzunehmen.

Flash hatte für sich herausgefunden, dass Wutausbrüche und das Zerstören von Dingen, die er nicht ändern konnte, vergebliche Versuche waren, seine kleine Welt zu kontrollieren. Als ihm bewusst wurde, dass er nichts zu befürchten hatte und dass aus den gefürchteten Veränderungen Gutes entstehen konnte, kam er zur Ruhe. Er lernte, dass Veränderungen wie die Golf- und Hockeyzonen *Menschen* in seine Welt brachten. Und mehr Menschen bedeutete mehr Aufmerksamkeit. Mehr Aufmerksamkeit wiederum bedeutete ein glücklicher Esel. Er konnte all das damals nur nicht sehen. Merkwürdigerweise half ihm das vermehrte Streicheln seiner Ohren, diese tiefe geistliche Wahrheit zu erkennen:

Veränderung ist eine gute Sache.

Meistens fühlen sich die Veränderungen, mit denen wir konfrontiert werden, wie ein kaum wahrnehmbarer Hauch in der Luft an. Der Schriftsteller und Literaturwissenschaftler C. S. Lewis sagte einmal: *„Ist es nicht merkwürdig, wie Tag für Tag alles beim Alten bleibt, doch wenn wir zurückschauen, ist alles anders."* Die schrittweise vor sich gehenden Veränderungen, die winzigen tektonischen Bewegungen, die Art, wie das Gesicht unseres Kindes die Weichheit eines Babys verliert und Konturen annimmt, ohne dass wir es bemerken, bis wir es eines Nachts im Schlaf beobachten. Wie man alles, was man hat, für das Leben gibt und meint, es wäre nicht viel, aber es ist viel! *Nimm es*, sagen wir. Und dann, eines Tages, kommt all dies zu uns zurück.

Die Muster im Innern unserer Augenlieder lassen uns erkennen, dass die Sonne mit ihren Strahlen durch die Wolken gebrochen ist, nur für einen kurzen Augenblick, und auf einmal liegt Veränderung in der Luft.

Lassen Sie uns unsere Hand öffnen und nach den ersten Strahlen greifen.

....

Nehmen Sie Veränderungen bewusst an.
Lassen Sie nicht zu, dass die Furcht vor dem Unbekannten Sie daran hindert vorwärtszugehen.

....

11.

Beau

Grayson zuckte entschuldigend die Schultern. „Tut mir leid wegen Beau", und wies mit dem Kopf auf unseren triefenden Labrador Retriever. Ich ließ die Glastür gleiten, um sie zu begrüßen, und ein schwüler Schwall sommerlicher Luft traf mich, als ich hinaustrat. Beau schüttelte sich von seiner Nase bis zur Spitze seines dicken Schwanzes und schüttelte so das Wasser ab. Er nieste anschließend und sah mich mit einem Ausdruck purer Freude an.

„Er war mit mir im Boot, aber dann ist er ins Wasser gesprungen, um sich abzukühlen und eine Runde zu schwimmen", erklärte Gray, während er seinen Angelkasten abstellte und seine schlammigen Schuhe aufschnürte. „Du weißt ja, wie er ist."

„Oh, Beau, du wirst zwei Tage lang riechen." Ich schimpfte mit ihm, doch das schien ihn nicht im Geringsten zu interessieren. Er trottete zu seinem Napf und schleckte ausgiebig Wasser, bevor er sich auf den kühlen Boden fallen ließ. Er klang wie ein nasser

Schwamm, der auf Beton fällt, das Wasser triefte weiter aus seinem vollgesogenen Pelz.

Er wird auch tagelang steif sein, dachte ich. Armer alter Beau. Doch vielleicht war das Schwimmen ja gerade gut für seine Arthrose. Ich war froh, dass er sich ein wenig bewegt hatte – als junger Hund hatte er sportliche Aktivitäten geliebt.

Viele Jahre lang war Beau mit seinem kräftigen Körper der perfekte Hund für das Landleben: Regelmäßig begleitete er unseren Wagen die Zufahrt hinauf, wobei Beau leicht über dreißig Stundenkilometer auf dem rund vierhundert Meter langen Weg zum Haus schaffte. Mit heraushängender Zunge lungerte er oft neben dem rechten Vorderreifen, bis das Geräusch des betätigten Gaspedals ihn zum Start katapultierte. Mit gestrecktem Kopf und eingezogener Zunge warf er mit seinen kraftvollen Vorderläufen die Erde auf und seine muskulösen Hinterläufe trieben ihn wie ein Geschoss nach vorn. Das Rennen fiel stets unentschieden aus und Beau wedelte aufgeregt mit dem ganzen Körper.

Beau konnte auch ausdauernd lange Stöcke apportieren, die in den Teich geworfen wurden. Manchmal hatte ich schon keine Kraft mehr im Arm, um sie überhaupt zu werfen. Seine Liebe zum Wasser machte ihn auch zu einem natürlichen Jagdhund. Er konnte stundenlang nahezu regungslos unter einem Unterstand stehen und dann von jetzt auf gleich durch eiskaltes Wasser schwimmen, um geschossene Vögel aus dem Wasser zu holen.

Beau liebte es, das gesamte Anwesen mit seinen täglichen Rundgängen entlang der Zäune zu bewachen, wobei seine Nase und sein Schwanz sich von Seite zu Seite arbeiteten und er sein Revier stets mit ungezähmtem Eifer markierte. Er verjagte herumstreunende Hunde und Kojoten, verschreckte Vögel und sorgte dafür, dass Kaninchen eilig in ihrem Bau verschwanden. Doch dann kam er zurück und erlaubte den Kätzchen unserer Töchter gnädig, über ihn zu purzeln und mit seinem Schwanz zu spielen.

Beau, fast fünfzig Kilo pure, nahezu komplett von weißem, fließendem Fell bedeckte Freundlichkeit, war einst ein Hund, der nur draußen lebte. Ich wollte es so. Aber irgendwie war es ihm gelungen, sich in den kalten Winternächten und an heißen Sommertagen ins Haus zu mogeln – und nach und nach auch an allen anderen Tagen. Es war schwer, seiner feuchten, schwarzen Nase und seinen flehenden braunen Augen zu widerstehen, und da er sich von den Teppichen im Haus fernhielt, erlaubten wir ihm schließlich, ins Haus zu kommen.

Okay, er blieb nicht ganz von den Teppichen weg. Er blieb im Erdgeschoss – und natürlich machte er es sich dort auf dem Teppich gemütlich. Doch das ging nur bis zu jener Oktobernacht gut, etwa ein Jahr nach unserem Einzug.

• • •

„Tommy, wach auf!" Ich schüttelte Tom wach, weil ich nebenan ein merkwürdiges Geräusch gehört hatte. Etwas oder jemand schlich mitten in der Nacht um Graysons Schlafzimmer herum. Ich griff nach Toms Arm. Ein Einbrecher?

Wir hielten den Atem an und lauschten. Unsere Herzen schlugen wild. Tom schlüpfte vorsichtig aus dem Bett und schlich zur Tür. Er ging durch den kleinen Flur und blieb vor Graysons Tür stehen, um in dessen Zimmer zu spähen. Ich hörte ihn laut ausatmen.

„Rachel, alles in Ordnung", flüsterte er. „Komm her." Ich schob die Bettdecke zurück und folgte ihm.

Mondlicht fiel durch Graysons Jalousie und offenbarte den Umriss eines Eindringlings, der neben dem Bett unseres neunjährigen Sohnes stand. Es war Beau. Seine Nase war nur wenige Zentimeter von Graysons Gesicht entfernt, und er betrachtete den schlafenden Jungen, dessen Brust sich hob und senkte. Hoch und runter, hoch und runter. Die Spitze von Beaus Schwanz wedelte sachte, um uns zu zeigen, dass er unsere Anwesenheit bemerkt hatte, doch sein resolutes Profil bewegte sich keinen Millimeter.

„Was ist los, Beau?" Nie zuvor hatte er unser Kommando, unten zu bleiben, nicht respektiert. Tom tätschelte Beaus Kopf und streckte die Hand aus, um Graysons Kopf zu streicheln. Dann drehte er sich erschrocken zu mir.

„Grayson glüht", sagte Tom. Ich rannte sogleich los, um kühle Waschlappen und fiebersenkende Medizin zu holen.

Am nächsten Tag fuhren wir zum Arzt, der uns zum Röntgen ins Krankenhaus schickte. Grayson hatte eine akute Lungenentzündung! Wir wussten ja, dass es ihm beim Zubettgehen am Abend zuvor nicht gut ging, doch wir hatten nicht mit einer so ernsthaften Erkrankung gerechnet. Beau hatte es offenbar gespürt. Die drei folgenden Nächte blieb unser Hund neben dem Bett seines kranken Freundes, bis die Antibiotika anschlugen und das Schlimmste vorüber war. Er wusste, dass sein kleiner Freund ihn brauchte.

Danach fanden wir irgendwie, dass Beau sich das Recht erworben hatte, nach oben zu kommen und zu schlafen, wo es ihm beliebte. Meistens rollte er sich auf dem Läufer vor Graysons Bett zusammen, sodass Grayson aus dem Bett heraus seinen Kopf streicheln konnte und der kräftige Schwanz des Hundes zu den unmöglichsten nächtlichen Zeiten auf den Boden klopfte.

• • •

Jetzt sah ich Beau an, wie durchnässt und glücklich er von seinem Nachmittagsschwimmen zurückkam. „Komm mit mir zur Scheune!", rief ich ihm zu. „Dort kannst du gut trocknen und wirst nicht so steif." Er stand mit widerstrebenden Hinterläufen auf, dann schüttelte er sich erneut kräftig und begleitete mich zum Gatter.

Ich nahm die schwere Kette vom Nagel, schob das Metallgatter auf und ging auf die Koppel. Der Boden unter meinen Füßen war hart und trocken. Das letzte karge Sommergras klammerte sich an die rissige Erde, um irgendwie zu überleben. Beau hielt am Zaunpfosten an und setzte sich. Er weigerte sich weiterzugehen. Er befand sich an der Grenze.

Diese Linie war an dem Tag gezogen worden, als Flash bei uns einzog. Sie folgte exakt dem Zaun. Die Weide auf der einen Seite des Zauns war Flashs Revier, während das verbleibende Land auf der anderen Beau gehörte. Der Zaun bestand aus Holzpfosten, die durch verzinkten Maschendraht miteinander verbunden waren, und bildete den Rahmen, innerhalb welchem die beiden Tiere funktionierten. Beau respektierte die Grenzen.

„Du bleibst auf deiner Seite und ich bleibe auf meiner", so lauteten die Bedingungen des unausgesprochenen Vertrags, an den sich beide hielten. Doch es gab einige zusätzliche Klauseln. Flash formulierte sie so:

- Der Hund darf die Weide betreten, wenn er von einem Menschen begleitet wird.
- Der Hund darf nicht aus dem Wassereimer des Esels trinken.
- Der Hund darf in der Scheune sitzen, aber nur, wenn er von Menschen begleitet wird.
- Der Hund darf nicht bellen, winseln oder lockend gucken, wenn der Esel mit Menschen interagiert.
- Der Hund darf keinen Augenkontakt mit dem Esel aufnehmen.

Beau seinerseits formulierte die Klauseln so:

- Der Esel darf in Gegenwart des Hundes nicht schreien.
- Der Esel muss außerhalb der Weide an einer Leine sein.
- Der Esel darf nicht treten oder beißen, darf aber in Gegenwart des Hundes stillstehen und schnüffeln.
- Der Esel darf im Garten grasen, jedoch nur unter strenger Aufsicht eines Menschen und an einen Pfosten angebunden.
- Der Esel darf begrenzt Augenkontakt zum Hund pflegen.
- Der Esel darf kein Hundefutter fressen. (Eigentlich war dies nie ein Thema, doch Beau nahm es mit seinem Futter sehr ernst, also ...)

„Ach, komm schon", versuchte ich Beau an der Grenze zuzureden. „Ich bin die ganze Zeit über bei dir. Es ist in Ordnung." Beau nahm seinen Gang wieder auf und erschnüffelte den perfekten Platz, wo er sich hinsetzen und das abendliche Prozedere beobachten konnte. Tom war bereits dort; er säuberte Flashs Stall und gab frisches Heu in die Krippe.

„Was ist mit den beiden los?", fragte Tom, als er einen neuen Sack Sägespäne auf den Boden stellte. Ich griff eine Harke und beobachtete, wie Flash auf der Bildfläche erschien, um unser Tun zu überwachen.

„Keine Ahnung. Ich verstehe es einfach nicht", sagte ich. Ich stellte die Harke ab und streichelte Flash über die Stirn.

Mit einem Kopfnicken entließ der Esel Beau aus seinem Beobachtungsposten in der Ecke und stellte sich direkt vor mich hin. Mit gesenktem Kopf und abgewandten Augen, wie im Vertrag geregelt, machte der Hund einen großen Bogen um den Esel und ließ sich im Schatten eines Süßhülsenbaums direkt neben der Scheune nieder. Er gähnte resigniert und legte sich auf den Boden, den Kopf auf die Vorderpfoten gestützt. Zufrieden, dass der Hund aus dem Weg war, wedelte Flash mit dem Schwanz und versuchte, ein Leckerchen zu ergattern.

Ich zog ein paar Kletten aus seiner Mähne und ging zur Sattelkammer, um einen kleinen Keks aus einem Tiegel hinter der Tür zu fischen. Seine Lieblingskräcker. Eifrig schob er seinen Kopf durch die Tür und versperrte mir den Ausgang, während sein Maul sich erwartungsvoll bewegte.

„Zurück, Flash", sagte ich. „Du musst dich wie ein Gentleman benehmen." Ich wartete, bis er zurückwich, und öffnete dann meine Hand. Der Keks war im Nu verschwunden. Flash suchte bereits nach mehr, während er noch kaute. Ich genehmigte ihm einen zweiten Keks. Okay, noch ein dritter. *Aber das reicht. Im Ernst. Mehr gibt es nicht, Flash.*

„Ich glaube, sie haben sich nie von ihrem schwierigen Anfang erholt", sagte ich zu Tom, der nun die Sägespäne auf dem Stallboden ausschüttete. „Beau ist noch immer darüber verärgert, dass Flash ihm gleich am ersten Tag einen Tritt verpasst hat."

„Das ist eine lange Zeit, um nachtragend zu sein", erwiderte Tom nachdenklich. „Ich kann es kaum glauben, dass sie nicht längst die besten Freunde geworden sind. Ich meine, es gibt doch keinen Grund, warum sie nicht miteinander auskommen sollten. Sie sind beide freundlich, treu, süß und liebenswert." Er zählte ihre Eigenschaften mit den Fingern auf.

„Stimmt", lachte ich, „sie sind all das, aber nicht füreinander." Ich schaute auf den Hund, der durch die Hitze des Spätnachmittags fast wieder trocken war. „Ich frage mich, ob Beau es Flash übel nimmt, die Weide übernommen zu haben. Ich glaube, er hätte diesen Bereich gern wieder unter seiner Kontrolle."

„Nun, Beau nimmt seine Aufpasserpflichten sehr ernst. Du weißt doch, wie er jeden Tag das gesamte Anwesen abläuft. Aber die Weide gehört für ihn nicht mehr dazu. Diesen Teil überlässt er Flash. Vielleicht weiß er, dass Flash sich gut genug darum kümmert."

„Man könnte meinen, er sei dankbar, dass der Esel ihm die Weide aus den Händen... äh... Pfoten genommen hat. Beau hat schließlich Probleme mit seinen Hüften und schafft es kaum noch, das ganze Anwesen abzulaufen, geschweige denn die Koppel. Es dauert immer länger, bis er seine Runde gemacht hat, der Arme."

Ich nahm die Harke, um die Sägespäne gleichmäßig zu verteilen. Es gibt keinen angenehmeren Duft als den Geruch von Sägespänen und Heu, vermischt mit Dünger, Zedernholz und Süßfutter.

„Flash hat nicht gerade positiv zu der Situation beigetragen", sagte Tom mit einem schiefen Lächeln. Er drückte den leeren Sägespänesack zusammen und ging zum Esel hinüber. „Meistens behandelt er Beau, als wäre er Luft. Ich meine, er ist froh, wenn der Hund sich auf Distanz hält, und scheint sich nicht darum zu kümmern, wenn wir ihm Aufmerksamkeit schenken. Aber er ist auch nie freundlich zu ihm. Es ist, als ob eine Mauer zwischen den beiden stünde."

„Sie sind einander völlig gleichgültig", schloss ich. „Ich denke, sie haben direkt am Anfang beschlossen, nebeneinander zu existieren und zu kooperieren – so wie mit ihrer abwechselnden Begleitung auf unseren Spaziergängen. Es gibt keine emotionale Bindung zwischen ihnen."

Tom hob eine Augenbraue. „Keine emotionale Bindung? In Ordnung, Frau Professor. Ich frage mich, inwiefern ein Esel eine emotionale Bindung eingehen kann." In dem Moment rieb Flash seine Ohren an Toms Arm und sah ihn schmachtend an. Tom legte den Arm um Flashs Nacken und drückte seine Wange an Flashs Kopf.

„Aha! Er hat ganz sicher eine emotionale Bindung zu dir", sagte ich. „Schau ihn dir an. Er liebt dich!"

„Was, du meinst das hier? Aber nein, wir machen nur Quatsch." Er gab Flash einen spielerischen Klaps, um seine Worte zu belegen. Flash reagierte, indem er sich gegen Tom lehnte und ihn aus dem Gleichgewicht brachte, was mir wiederum ein Kichern entlockte. Ich hätte schwören können, dass Flash grinste.

Von seinem isolierten Platz aus begann Beau, eifersüchtig zu winseln. Für ihn gab es nichts Schöneres als Raufen und er war von dem Spiel ausgeschlossen.

„Es ist eine Schande. Beau ist so ein toller Hund und Flash der perfekte Esel. Denk nur, was den beiden entgeht! Meinst du, es gibt noch Hoffnung für eine Freundschaft zwischen ihnen?"

Beau richtete sich mühsam auf. Ich konnte sehen, dass er sein Bad bereute. Sein rechtes Hinterbein wollte nicht so recht kooperieren und hing ein wenig hinterher, während er zum Haus zurücktrottete. Er hätte es nie zugegeben, aber Raufen wäre jetzt sowieso nicht infrage gekommen.

An diesem Abend schaffte es Beau nur die halbe Treppe zu Graysons Zimmer hinauf. Das musste reichen und so legte er sich stöhnend dort nieder.

Ich wünschte, dass sich letzte Male zusammen mit großen Buchstaben ankündigen würden, nach dem Motto: „Achtung! Das ist das letzte Mal." Dann würde man sie besonders genießen, egal, wie belanglos sie sind. Zum Beispiel das letzte Mal, wenn man Zucker in den Tee rührt, bevor man dem Zucker endgültig abschwört. Oder das letzte Mal, dass man einen mechanischen Rasenmäher benutzt. Oder das letzte Mal, dass man Ersatzkleidung in den Rucksack seines Kindes legt, nur für alle Fälle. Man könnte dann innehalten und den Moment genießen, tief einatmen und ihn wie ein Foto in seiner Erinnerung verankern.

Das letzte Mal, als man sein Baby in den Schlaf wiegte. Das letzte Mal, als man mitten in der Nacht auf einen Legostein trat. Das letzte Mal, als man sich die Rhabarbertorte der Oma schmecken ließ. Das letzte Mal, als man seinem Vater einen Gutenachtkuss gab. Hätte man gewusst, dass dies das letzte Mal war, dann hätte man die Augen geschlossen und gedacht: *Hieran muss ich mich erinnern. Ich muss mich an den Geruch dieser Küche und dieses Kaffees und dieser Torte erinnern. Ich muss mich an dieses kratzige Flanellhemd und diesen Duft nach Old Spice erinnern. Ich muss mich an das Gefühl dieses flaumigen Kopfes auf meiner Schulter, an diesen Milchatem und diese winzig kleinen Finger erinnern, die die Babydecke festhalten.*

Und ich würde sagen: *Ich muss mich an diesen Hund erinnern, wie er auf dem Vorleger vor dem Bett meines Sohnes schläft.*

Stattdessen hastet man durchs Leben. Man meint, es würde noch Hunderte weitere Male geben, die genauso sind wie dieser Moment, und man schaut auf die Uhr oder gibt irgendeinen verärgerten Kommentar von sich oder nimmt einen Anruf entgegen oder wird auf sonst eine Weise abgelenkt. Man verankert den Moment nicht in seiner Erinnerung, man hält nicht inne, man *fühlt* ihn nicht. Warum sollte man auch, wenn es doch noch andere Gelegenheiten geben wird und man so viel zu tun hat? Man wird es beim nächsten Mal genießen oder vielleicht beim übernächsten Mal. Und dann entgeht einem, dass dieser eine Moment das letzte Mal war. Dieser eine Moment wird nicht wiederkommen. Man hat ihn verpasst.

Und ich habe ihn verpasst.

• • •

So ging es mir mit dem letzten Mal, als Beau sich neben Graysons Bett zusammenrollte. Er war gekommen und gegangen, ohne dass ich es realisiert hatte. Grayson war beinahe erwachsen und seine Nachttischlampe blieb abends länger an als meine, während er an mathematischen Gleichungen und Physikaufgaben arbeitete. „Wann musst du morgen früh aufstehen?", fragte ich und war in Gedanken bereits bei den Aufgaben, die am nächsten Tag auf mich warteten, während ich ihn auf den Kopf küsste und ein paar Socken vom Boden aufhob.

Als der Platz auf der Treppe Beaus neuer Schlafplatz wurde, nahm ich an, dass es ihm dort gefiel, weil jeder, der an ihm vorbeiging, ihm den Kopf tätschelte. Ich nahm mir nicht wirklich die Zeit, um zu begreifen, dass er es eines Tages nie wieder bis in die obere Etage schaffen würde, um dort eine Nacht in Graysons Zimmer zu verbringen. Schon bald war selbst der Schlafplatz auf der Treppe für seine von Arthrose geplagten Beine zu mühsam zu erreichen. Er schlief künftig auf dem Teppich vor dem Kamin.

Als der Tag kam, an dem Beau nach draußen ging und das Anwesen aus einer Ecke des Gartens heraus überwachte, anstatt seine übliche Runde entlang des Zaunes zu machen, begriff ich nicht wirklich, dass er sich endgültig von seinen Wachpflichten zurückgezogen hatte. Vor Kurzem sah er einfach zu, wie unser Wagen die Zufahrt heraufkam, und begrüßte uns an der Tür, statt uns auf dem Weg willkommen zu heißen und bis zur Haustür mit dem Auto um die Wette zu laufen. Ich habe wohl auch sein letztes Rennen verpasst.

„Hallo, alter Junge", riefen wir ihm zu. Beau hörte nicht mehr gut, und auch sein Augenlicht hatte nachgelassen, doch sein Schwanzwedeln funktionierte noch immer perfekt. Sobald er spürte, dass sich ein Kopf in seine Richtung drehte, klopfte er begeistert mit dem Schwanz auf den Boden, voller Vorfreude auf die Aufmerksamkeit, die ihm zuteilwerden würde. Mittlerweile spritzten wir ihn regelmäßig draußen mit dem Schlauch ab. Er hatte den typischen Geruch eines inkontinenten Hundes an sich – und ab da wussten wir, dass nun all die „letzten Male" begannen.

„Hey Kumpel, komm mit mir die Post holen", sagte ich, um ihn von seinem Platz in der Küche wegzulocken. „Es wird dir guttun, ein bisschen Bewegung zu bekommen." Es dauerte eine Weile, ihn davon zu überzeugen, sein weiches Kissen zu verlassen, doch er schaffte es bis zur Tür und über die Schwelle. Sofort war mir aber klar, dass der etwa achtzig Meter lange Weg zum Briefkasten zu viel für ihn wäre.

„In Ordnung, lass uns einfach nachsehen, ob Flash noch genug Wasser hat." Wir gingen in Richtung Gatter. Flash befand sich an seinem Leckstein im Schatten der Zedern. Seine Zunge arbeitete sich methodisch über den roten Mineralstein, während seine Augen halb geschlossen waren. Beim Klang unserer Schritte sah er hoch und kam sofort auf uns zu. Er traf Beau und mich am Zaunpfosten, wo unser Hund seinen Schwanz einklemmte und sich seitwärts auf sein bestes Bein setzte.

Im Laufe der Zeit schien Flash seine Regeln abgemildert zu haben. Als ich innehielt, um die Kette zu heben, senkte er seinen riesigen Kopf auf Beaus Niveau hinab. Flashs große, braune Augen sahen in die sanften Augen des Hundes, die vom Alter trüb geworden waren. Beide sahen einander einen Augenblick lang an. Die Nüstern des Esels weiteten sich, als er freundlich an dem Hund schnüffelte, der seine Nase zu dem weißen Maul hochhob, das sich durch den Zaun schob. Vier Hufe auf der einen Seite der Grenze, vier Pfoten auf der anderen Seite. Zwei Ohrenpaare, die nach vorn gerichtet waren. Und zwei Nasen, die sich in der Mitte trafen.

„Nanu, was ist denn das?", flüsterte ich. Wunder geschehen immer wieder. Ich öffnete das Gatter, um hineinzuschlüpfen, und stupste Flash an, damit ich es für Beau weit genug öffnen konnte. Beau zögerte, doch dann überschritt er seine Grenze und wandte sich mit sachte wedelndem Schwanz dem Esel zu. Flash stupste ihn freundschaftlich an. Seine Augen hießen ihn willkommen und wir machten uns zu dritt auf den Weg zum Wassereimer – im Schritt des lahmenden Hundes. Das Eis begann zu schmelzen.

Auch wenn man sich wünscht, man könnte ein „letztes Mal" als solches erkennen, wird man doch immer Ausflüchte finden, wenn man tatsächlich mit einem solchen konfrontiert wird. Vor Jahren, als ich meinem Großvater, der im Rollstuhl saß und an Alzheimer erkrankt war, „Auf Wiedersehen!" gesagt hatte, gab ich vor, ich würde schon bald danach ihn im Pflegeheim besuchen.

Es ist nicht das letzte Mal, sagte ich mir. *Ich werde wiederkommen, und wir werden über Baseball reden, und er wird mir die Griffe zeigen, die er als Catcher gelernt hat, und wir werden seine Lieblingssüßigkeiten essen.*

Als wir die Tür unseres Hauses in der Stadt zum letzten Mal schlossen, taten wir so, als würden wir in Urlaub fahren. „Haben wir das Wasser abgestellt? Hast du nachgesehen, ob alle Lichter gelöscht sind? Ist die Hintertür verschlossen?" Wir versuchten, nicht in den Rückspiegel zu schauen, als wir das Stadtviertel verließen, in dem unsere Kinder ihre frühen Kindheitsjahre verbracht hatten.

Als unsere Kinder nacheinander von zu Hause auszogen, um aufs College zu gehen, taten wir so, als gingen sie nur mal eben ins nächste Geschäft, um vielleicht Milch oder Butter zu holen. *Sie sind bald zurück*, sagten wir uns und schluckten den Kloß in der Kehle hinunter. *Wie albern, über eine Fahrt zum Laden zu weinen. Erledige einfach deine Arbeit und sie werden in einer Minute zurück sein.*

Wem machen wir dabei etwas vor?

So ist das Leben mit letzten Malen. Nichts wird mehr so sein wie vorher. Das ist die Wahrheit. Ich taste nach einem Taschentuch und putze mir die Nase. Die Tränen rollen die Wangen hinunter und mein Körper fühlt sich wie Pappe an. Mein Kopf schmerzt. Ich hasse es, dieser Wahrheit ins Auge zu sehen, dass etwas Kostbares einfach vorbei und vorüber ist.

• • •

Ich hätte nie gedacht, zu den Menschen zu gehören, die um einen Hund trauern. Immerhin war ich es gewesen, die sich immer wieder über die Haare, die er verlor, und über den Schmutz, den seine Pfoten ins Haus brachten, beschwert hatte. Die Abdrücke seiner Nase auf der Glastür störten mich. Ich war es so leid, immer hinter ihm herzuputzen. Und dann waren da diese großen, blauen Binden, auf einer Seite von Plastik beschichtet, auf der anderen Seite saugfähiges Papier. Unser inkontinenter alter Hund sorgte im ganzen Haus für einen unangenehmen Geruch. Aber ich liebte diesen Hund, und ich liebte es, wie er mit der Geschichte unserer Familie verwoben war. Ich liebte es, wie er immer für uns da war. Niemand von uns konnte sich das Leben ohne Beau vorstellen, und ich war bereits dabei, um ihn zu trauern.

Als das Unvermeidliche eintraf, grub Tom ein Grab für unseren Labrador und legte weiße Steine rundherum, um es zu markieren. Ich schaute nicht zu, wie er das Grab aushob. Ich wollte den frischen Erdhügel nicht sehen. Ich wollte so tun, als ob Beau unten am Teich wäre, um zu schwimmen und hungrig zum Abendessen nach Hause zu kommen, und ich würde ihn ausschimpfen, weil er nach Teichwasser roch. Doch schließlich machte ich mich auf den Weg zu der Lichtung unter den Bäumen, um Beau die letzte Ehre zu erweisen und mich von ihm zu verabschieden. Grayson, Lauren und Meghan taten das Gleiche, jeder zu seiner Zeit und auf seine Weise. Tom weinte tagelang, es traf ihn sehr. Wie ich diesen Mann liebe!

Dann war Flash an der Reihe. Wir legten ihm das Halfter um und zogen schweigend an dem Strick. Er lief bereitwillig neben uns her, begeistert über die Aussicht auf einen Spaziergang außerhalb seiner Koppel. Wir hatten daran gearbeitet, dass er sich besser führen ließ, und wir waren mit den Fortschritten zufrieden. Auf halbem Weg zu Beaus Grab versank er im Gras und machte einen Umweg zum Garten. Vielleicht wollte er so tun, als wäre es nur ein weiterer Trainingsspaziergang und nicht ein letzter Abschied. Ich konnte es ihm nicht verübeln. Ich wusste, wie er sich fühlte. „Komm, alter Freund. Lass uns weitergehen", sagte Tom und zog sanft an dem Seil, bevor beide weitergingen. Ich folgte schweigend, um Flash Zeit und Platz zu lassen.

Flash näherte sich dem Steinkreis mit einigem Widerstand, dann senkte er den Kopf, um an dem frischen Erdhügel zu schnüffeln. Sein tiefes Ausatmen wirbelte Erdkrümel auf, und die kleinen Blätter, die auf den Hügel gefallen waren, wurden hochgewirbelt und fielen wieder hinab. Ich rechnete nicht damit, dass er viel von sich geben würde, und wie erwartet tat er es nicht. Er blinzelte und wendete seine Ohren, dann verlagerte er das Gewicht von seinem Hinterhuf und stand still. Es sah aus, als ob er eine Weile so stehen bleiben würde. So wie es sein sollte. Tom trocknete seine Wange mit seinem Ärmel, als er sich neben den Esel hockte. Flash schien etwas zu begreifen.

Flash und Beau hatten nicht viel gemeinsam, ausgenommen ihre Liebe zu ihren Menschen – zu uns. Vielleicht war das genug. Genug, um sie ihre geringfügigen Differenzen und ihren Stolz überwinden zu lassen. Vielleicht spürten sie, dass sie „letzte Male" vor sich hatten, und beschlossen, sich lange genug befehdet zu haben.

Ich musste daran denken, wie Beau Flash im letzten Sommer auf seinen Wachgängen begleitet hatte. Flash verlangsamte seinen Schritt, um sich dem einst so kräftigen Hund anzupassen, der jetzt oft anhalten und sich ausruhen musste. Beau genoss die morgendliche Brise, die über das Feld wehte, sein Schwanz wedelte, und seine Nase sog jeden Duft ein. Flash knabberte an dem trockenen Gras, während er auf seinen Freund wartete, um eine neue Stelle zu markieren oder einem Kaninchenpfad zu folgen. „Lass dir Zeit", sagte er mit seinen Ohren. Der Esel trieb ihn nie zur Eile an. Beau revanchierte sich für diese Freundlichkeit, indem er ihm zur Futterzeit Gesellschaft leistete und das *Iah, iah* akzeptierte, das ihn früher verrückt gemacht hatte. Er blieb wie ein alter Kumpel in seiner Nähe; er nahm Flashs Ansichten gnädig auf und bot ihm seine eigenen an.

Vergebung. Freundschaft. Lange hatte es gebraucht, doch sie waren gerade noch rechtzeitig zutage gekommen. Sie sahen einander in die Augen und sagten alles:

„Es tut mir leid, dass ich dich getreten habe."

„Es tut mir leid, dass ich dich mit meinem Temperament verärgert habe."

„Es war falsch von mir, dich außen vor zu halten."

„Ich hatte nie die Absicht, dich zu ärgern."

„Es tut mir leid, dass ich dich nie von meinem Wassereimer habe trinken lassen."

„Es tut mir leid, dass ich daraus getrunken habe, wenn du nicht hingeguckt hast. Und ich habe auch an deinem Leckstein geleckt."

Offenbar sind es immer die kleinen Dinge, die uns voneinander trennen.

Die kleinen Kränkungen, die übergroß werden, wenn sie über lange Zeit gären. Grenzen werden gezogen. Seiten werden gewählt. Jeder beharrt auf seinem Standpunkt. „Du bleibst auf deiner Seite und ich auf meiner." – „So lauten meine Regeln und du hältst dich gefälligst daran." – „Dies ist mein Bereich und du bleibst schön draußen."

Wie oft verhalte ich mich genauso wie diese beiden Tiere? Ich lasse es zu, dass irgendeine Kleinigkeit mich verletzt, und ärgere mich über etwas Unbedeutendes? *Das ist nur die Spitze des Eisbergs*, sage ich mir selbst dann. *Gib keinen Millimeter nach. Es geht ums Prinzip.* Und aus Prinzip weigere ich mich zu vergeben. Ich halte Liebe zurück. Ich verurteile. Und ich ziehe eine Grenze.

Was für eine Schande!

Dort, an Beaus Grab, beobachtete ich Flash, wie er seine Unterlippe herabhängen ließ und Trauer zeigte. Sein Fell begann, mit dem nahenden Herbst dicker zu werden, sodass er wieder fülliger aussah. Er konnte von Glück sagen, dass seine „letzten Male" mit Beau von Anzeichen begleitet gewesen waren. Er konnte die verbleibende gemeinsame Zeit genießen. Und in diesem Moment liebte ich Flash mehr denn je, weil er Vergebung, Annahme und Zärtlichkeit personifizierte. Und ich liebte ihn dafür, dass er um seinen Freund trauerte. Es berührte mein Herz zutiefst.

In Epheser 4,2 steht: *„Überhebt euch nicht über andere, seid freundlich und geduldig! Geht in Liebe aufeinander ein!"*

Wir sind alle unvollkommene Geschöpfe. Ist es daher nicht eine Schande, wenn wir unsere Zeit mit belanglosen Differenzen und selbst gemachten Regeln verschwenden, anstatt Vergebung und Liebe und den damit verbundenen Reichtum genießen? Wir sollten die Hand unseres Nächsten ergreifen. Wir sollten unseren

Lieben in die Augen sehen und sagen „Es tut mir leid" und „Ich habe mich geirrt" und „Ich vergebe dir". Wir sollten es tun. Mehr noch: Wir *müssen* es tun. Und wir müssen auch die Worte „Ich liebe dich" sagen, solange wir es noch können. Es könnte die letzte Gelegenheit sein. Wir wissen es erst, wenn sie vorbei ist.

Verpassen Sie diese nicht.

• •

Bringen Sie Dinge mit anderen in Ordnung.
Verpassen Sie nicht die Gelegenheit, zu vergeben, einander anzunehmen und zu lieben.

• •

12.

Ein besonderer Esel

Esel entlaufen. – Mein Herz pochte mir bis zum Hals vor Angst, als ich diese Worte schrieb und mit der größten Schriftart formatierte, sodass es auf eine Seite passte. Der Kaffee, den ich am Morgen geschlürft hatte, brannte mir im Magen, als ich meine Telefonnummer ergänzte und kurz danach die Handzettel ausdruckte, die ich dann an die Masten in der Gegend anbringen wollte. Ich hätte eine Scheibe Toast essen sollen, doch allein der Gedanke an Essen machte mich krank. Meine Hände zitterten, als ich die Papiere aus dem Drucker nahm und nach meinem Tacker griff.

Flash war verschwunden.

Wo konnte er sein?

Wir hatten absolut keine Ahnung. Und ich konnte es nicht begreifen, dass das überhaupt passiert war. Unser Esel war verschwunden. Handzettel irgendwo in der Gegend anzubringen, war das Einzige, was ich im Moment tun konnte, um Flash zu finden und ihn nach Hause zu holen.

Ich dachte über die letzten vierundzwanzig Stunden nach. Der Wetterbericht hatte vor nächtlichen Stürmen gewarnt, und so hatten wir den Abend damit verbracht, Gartenstühle ins Haus zu tragen, alle Fenster sorgfältig zu verschließen und alles zu fixieren, was hätte weggeweht werden können.

Ich hatte eine Extraportion Heu in Flashs Krippe gelegt und ihn noch beim Gute-Nacht-sagen getätschelt. Die Tür ließ ich offen, damit er die Nacht dort verbringen konnte, wo er wollte. Nach wie vor zog er das Bachbett im Wald der eher geräuschintensiven Metallscheune vor, vor allem während eines Sturms.

Wie angekündigt kamen mit der Nacht heftige Winde und Regengüsse. Tom und ich lagen im Bett und versuchten zu schlafen, während wir die knackenden Geräusche des Daches hörten wie auch das der Zweige ertrugen, die gegen die Fensterscheiben schlugen. „Das ist keine Nacht, um draußen zu sein, weder für Mensch noch Tier." Wir lachten erleichtert und waren froh, uns so gut auf dieses Unwetter vorbereitet zu haben.

Doch am Morgen war es nicht mehr so lustig. Wir fanden verstreut über das ganze Anwesen abgebrochene Äste, Mülleimer waren umgefallen – und das Schlimmste: Ein Gatter der Koppel war aus seinen Angeln gerissen und lag auf dem matschigen Boden.

Tom und ich stapften durch den Lehm, der an unseren Stiefeln kleben blieb und uns ein paar Zentimeter größer werden ließ. Wir hängten das Gatter wieder ein und sicherten es mit einem Seil.

„Hoffentlich hat Flash nicht bemerkt, dass das Gatter offen war. Kannst du irgendwelche Hufspuren entdecken?", fragte ich, während ich selbst den Boden rund ums Gatter mit den Augen absuchte. Erleichtert stellten wir fest, dass keine da waren. Wir atmeten auf. *Wenigstens geht es Flash gut,* dachten wir. Um ganz sicherzugehen, beschlossen wir, uns zu trennen und die übrigen Gatter und Zäune zu überprüfen. Ich ging auf die Scheune zu, um ein wenig Heu in die Krippe zu legen und Flash zum Frühstück zu rufen.

Aber Flash erschien nicht. Ich wartete. Ich rief erneut. Ich wartete weiter.

Kein Esel kam.

„Bist du sicher, dass da keine Hufspuren waren?", fragte ich Tom im Haus und drängte ihn, zurückzugehen und alles noch einmal zu überprüfen.

„Da sind keine, Rachel", versicherte mir Tom. „Aber das muss nichts heißen. Es wäre nur typisch für ihn, nicht wahr? Hufspuren sind kein Indiz dafür, ob er ausgebrochen ist oder nicht. Denk daran, wie oft er auf dieser Seite des Zauns auf dem Hockeyfeld herumlungert. Ich weiß nicht, wie er es anstellt, aber irgendwie schafft er es."

Das stimmte. Abgesehen von dem Hockeyfeld war Flash auch dafür bekannt, unsere Seilabsperrungen an den Scheunenausgängen zu umgehen. Wann immer wir dafür sorgen wollten, dass Flash uns für irgendwelche Erledigungen aus dem Weg blieb, zogen wir ein Seilsystem hoch und sicherten es mit Haken und Karabinern. Zu nah am Boden, um darunter durchzuschlüpfen, und zu hoch, um darüberzusteigen, und außerdem zu solide, um hindurchzuschlüpfen.

Das heißt, für jedermann außer für Flash. Er schaffte es immer irgendwie hindurchzukommen.

Doch wir *sahen* nie, wie er es machte. Das blieb für uns ein Rätsel. Wir waren irgendwo rund um die Scheune beschäftigt und plötzlich stand er da. Dann kratzte er sich nonchalant den

Körper mit seinen Zähnen und sah ganz plötzlich hoch, nach dem Motto: *Oh, hallo, was macht ihr denn hier?*

Ehrlich gesagt, es war fast ein bisschen unheimlich.

War dieses Verschwinden nun ein weiterer seiner Tricks? Wir hatten einen langen Arbeitstag vor uns und keine Zeit, einem ausgebüxten Esel nachzujagen. Ich rief unsere Kundin an und erklärte, dass wir ein wenig später als geplant eintreffen würden, um ihre Küchenrückwand fertigzustellen. Die Kundin hatte Verständnis, obschon ich es wiederholen musste: „Ja, genau, mein *Esel* ist verschwunden. Nein, nicht mein Hund. Mein Esel!" Ich weiß nicht, was daran so schwer zu verstehen war.

Draußen durchkämmten Tom und ich nun die Umgebung. Wir arbeiteten uns langsam vor. Das Problem – beziehungsweise eines der Probleme – mit einem braungrauen Esel besteht darin, dass er optisch mit dem Buschwerk geradezu verschmilzt.

Aus Erfahrung wussten wir, dass man im Wald Flash genau vor sich haben konnte, ohne ihn zu sehen. Er liebte es, uns rufen zu hören, bis wir entnervt waren. Doch meist stand er die ganze Zeit nur wenige Meter von uns entfernt, und zwar still wie eine Statue, und erschreckte uns, indem er ganz plötzlich zu rennen begann. Mit geblähten Nüstern und wildem Blick rannte er uns beinahe über den Haufen, kaum fähig, seine Aufregung zu zügeln, weil er uns übers Ohr gehauen hatte. In letzter Sekunde hielt er dann an und bebte vor Entzücken. Ich habe gelesen, dass Esel Abstände aufgrund ihrer weit auseinanderstehenden Augen nur begrenzt wahrnehmen können. Das scheint zu stimmen. Er sah jedes Mal ganz überrascht aus, so schnell zu uns gelangt zu sein.

Wir riefen und pfiffen. (Nun gut, Tom pfiff. Ich habe das nie richtig hinbekommen.) Wir schüttelten auch den Eimer mit Hafer.

Nichts. *Wehe ihm,* dachte ich, *wenn er die ganze Zeit über wieder direkt vor unserer Nase hockt. Dann bring ich ihn um.*

Wir trafen uns auf der Straße und trennten uns erneut. Tom ging ostwärts und ich hielt mich entlang des engen Pfades Richtung Westen. Rufend, pfeifend (ich nicht) und mit mittlerweile zwei Hafereimern lockende Geräusche machend. Nach ungefähr achthundert Metern klingelte mein Handy. Es war Tom.

„Es hat keinen Sinn. Er könnte überall sein. Ich glaube, wir sollten das Büro des Sheriffs benachrichtigen", sagte Tom. „Wenn ihn jemand findet, können sie uns benachrichtigen." Ich stimmte ihm zu, hoffte jedoch, dass keiner der Sheriffs am anderen Ende der Leitung sein würde, der zugegen war, als Flash das letzte Mal ausgebrochen war. Ich wollte vermeiden, dass Flash als Paradebeispiel für „Probleme mit Eseln" herhielt. Sie wissen ja, wie gern die Leute Unruhestifter brandmarken.

Doch wie der Zufall es wollte ...

„Waren Sie nicht die Leute mit dem Esel und der benachbarten Stute?" Wir hatten ausgerechnet den Beamten am Telefon, der in der Nacht zu uns gekommen war, als Flash sein romantisches Rendezvous hatte. *Seufz.* Ich fuhr fort und erklärte die Situation. „Wir rufen Sie an, sobald wir etwas hören", antwortete er. „Machen Sie sich keine Sorgen, wir wissen ja, wo Sie wohnen."

Ich wusste, er nahm dies in Flashs „Akte" auf, aber uns blieb keine Wahl. Wir brauchten seine Hilfe. Und dann wurde mir die Situation auf einmal vollkommen bewusst.

Was, wenn Flash nie mehr zurückkommt? Wenn wir ihn nicht finden? Oder wenn ihn jemand gestohlen hat? Konnte es wirklich sein, dass ich mein Herz in den paar Jahren so sehr an dieses Langohr verloren hatte, dass ich bei seinem Verlust untröstlich wäre? Meine Gefühle überraschten mich. *Sei nicht albern, Rachel. Es ist nur ein Esel.* Aber ich spürte in meinem Herzen, dass er so viel mehr für mich geworden war.

Als ich den Stapel Handzettel in die Hand nahm, sprang mir die Überschrift „Esel entlaufen" regelrecht ins Gesicht. Ich betete still.

Herr, ich weiß, dass du heute gewiss größere Probleme zu lösen hast. Ich weiß, dass es Kriege und Hungersnot und Menschen mit ernsthaften Problemen gibt. Aber könntest du uns bitte helfen, Flash zu finden? Ich liebe ihn. Ich glaube, du hast ihn aus einem bestimmten Grund zu uns geschickt. Er war solch ein Segen für uns. Ein süßer, verrückter Segen. Bitte bring ihn wieder zu uns nach Hause.

Ich rief erneut unsere Kundin an und sagte das Projekt für heute ab. Ich wollte mich nicht am anderen Ende von Dallas aufhalten, wenn das Telefon läutete. Ich war sicher, sie hörte die Sorge in meiner Stimme, denn sie war bereit, den Termin zu verschieben.

Wenig später musste ich an eine Geschichte in der Bibel denken, in der berichtet wird, wie Esel verloren gingen. Vielleicht würde es mir helfen, die Geschichte nachzulesen. Ich suchte ein wenig und fand sie im ersten Buch Samuel. Ich versuchte, meine Sorge wegzuschieben und mich zu konzentrieren.

„*Eines Tages liefen die Eselinnen seines Vaters [Kisch] davon*" (1. Samuel 9,3).

Ich setzte mich kerzengerade hin und las noch einmal die Stelle. Ich fühlte mich direkt angesprochen und las weiter.

Kisch, ein wohlhabender Mann in Israel, hatte seinen Sohn Saul beauftragt, gemeinsam mit einem Diener eine Gruppe verlorener Esel einzufangen. Das war vermutlich keine große

Herausforderung. Die Esel durften vermutlich frei grasen und wie weit konnten ein paar Esel schon kommen? Es war der richtige Job für den Sohn eines Reichen. Vielleicht dachte Kisch sogar, diese kleine Tagesreise wäre eine gute Erfahrung für seinen Sohn. Also machte sich Saul mit seinem Diener auf den Weg.

Sie suchten überall, im Tal und auf den Hügeln – an allen möglichen Orten, doch sie konnten die Esel nicht finden. Also weiteten sie die Suche aus, bis sie die gesamte Gegend durchkämmt hatten. Letztlich hatte sich ihre ursprünglich einfach zu bewältigen geglaubte Aufgabe zu einer dreitägigen, zermürbenden Suchaktion entwickelt... und noch immer war kein Esel zu sehen. Sie hatten die Landschaft, die zum Gebiet ihres Stammes gehörte, vollständig abgesucht und überlegten, ob sie weiter in der Region suchen sollten.

Das alles klang mir irgendwie vertraut.

Saul gab schließlich auf und sagte zu seinem Diener: „Wir sollten heimkehren. Ich bin sicher, mein Vater macht sich keine Gedanken mehr über die Esel. Stattdessen macht er sich vermutlich Sorgen um uns." Ich denke, Saul hatte damals dem Wort „Esel" sicher noch ein paar Adjektive hinzugefügt, doch der Schreiber des Buchs ließ sie wohlweislich aus.

Der Diener hatte dann in letzter Sekunde eine glänzende Idee. „Warte! Bevor wir umkehren, lass uns in die nächste Stadt gehen, wo ein geachteter Prophet lebt. Vielleicht weiß er, wohin die Esel verschwunden sind."

Gerade, als sie die Tore der Stadt passierten, um den Propheten zu suchen, kam genau dieser auf sie zu – Samuel.

Es war eine heilige Begegnung, denn Saul war zur richtigen Zeit am richtigen Ort. Denn am Tag zuvor, als Saul und sein Diener noch mitten im Nirgendwo steckten und nach den Eseln suchten, hatte Gott zu Samuel gesprochen und ihm aufgetragen, nach dem jungen Mann Ausschau zu halten. Und er vertraute Samuel eine wichtige Aufgabe an – er sollte nämlich Saul zum König von Israel salben.

Als sie einander trafen, lud Samuel Saul ein, mit ihm zu essen. Er versprach, ihm *am nächsten Morgen* zu sagen, was er und sein Diener wissen wollten. Doch dann fügte er noch etwas Seltsames hinzu: „Übrigens ... was die vermissten Esel betrifft: Jemand hat sie gefunden und deinem Vater zurückgebracht, du brauchst dir also keine Gedanken mehr darüber zu machen."

Moment mal. Ich sah hoch und blickte nachdenklich in die Ferne. Ich war irritiert. *Ich dachte, Saul wollte wissen, wo die Esel waren. Doch der Prophet sagte ihm nur, dass man sie bereits gefunden hatte. Also ... das war es doch dann.* Saul hatte erfahren, was er wissen wollte – dass die Esel gefunden worden waren.

Gott hatte offenbar etwas anderes vor.

Und plötzlich dämmerte es mir: Saul glaubte die ganze Zeit, bei dieser Reise ginge es nur um die Esel. In Wirklichkeit ging es aber um viel mehr.

In diesen wenigen Versen erkannte ich, wie Gott das Problem der entlaufenen Esel benutzt hatte, um Saul zu einer Begegnung mit seinem Schicksal zu führen. Gott hatte Saul mithilfe einer frustrierenden Mission aus seiner kleinen Welt herausgeholt, um ihn an einen Platz der Begegnung zu führen. Einen Platz, an dem Gott etwas sehr Wichtiges tun würde. *Und Saul verstand, dass es bei dieser Reise nie wirklich um die Esel gehen sollte.*

Ich saß auf dem Sofa, mit meinem Handy in der einen und der geöffneten Bibel in der anderen Hand. Ich hoffte, jemand würde anrufen, um mich über Flashs Verbleib aufzuklären. Doch die Zeit verstrich, ohne dass ein Anruf kam, und so las ich weiter.

Vielleicht würde ich nun zum besten Teil der Geschichte kommen, daher versuchte ich, mich weiter auf die Worte zu konzentrieren und nicht an Flash zu denken. Der irgendwo ganz allein dort draußen war. Ohne jemanden, der ihn beruhigen konnte.

Ich versuchte, mich und mein Herz zu beruhigen. *Atme tief durch, Rachel.*

Ich las den Schluss der Geschichte. Am nächsten Tag nahm Samuel Saul beiseite und erklärte ihm den wahren Grund für seine Reise. Samuel salbte Sauls Haupt mit Öl, erklärte ihm, dass er König sein würde, und offenbarte ihm, was ihm auf dem Heimweg widerfahren würde. Er sagte zu Saul: „Von jetzt an bist du ein anderer Mann." Nach einigen abschließenden Instruktionen sandte Samuel ihn fort. Als Saul sich umdrehte und auf den Weg machte, geschah etwas Erstaunliches: *Gott gab ihm ein neues Herz.*

Sauls Leben war von da an für immer verändert. Sein Herz war erneuert. Er war anders als vorher. Er war nicht länger der „große Junge" einer unbekannten Familie, sondern der König eines Volkes. Nicht länger der Hinterwäldler, sondern ein mächtiger Anführer. Er bewegte sich vom Zweifel zum Glauben, von Furcht zu Mut, von Unsicherheit zu Selbstvertrauen. Es war ein Geschichte schreibendes Aufeinandertreffen von Gehorsam und Schicksal, das mit einem ... Eselproblem begonnen hatte.

Sauls Bereitschaft, sich der nicht sehr ehrenvollen Aufgabe einer Eselsuche anzunehmen, führte ihn an genau den Ort, wo Samuel ihn treffen würde. Saul verließ seine Komfortzone und gelangte so an einen Ort, an dem sein Herz verändert wurde. Gott hatte die ganze Zeit hinter den Kulissen gewirkt, er hatte alles eingefädelt und Gelegenheiten geschaffen, die Saul direkt in seine Bestimmung und Berufung führten.

Er wurde verwandelt.

Verschwundene Esel. Gottes Absichten. Ein Rendezvous mit dem Schicksal. Ich fragte mich, ob Gott auch heute noch so bescheidene Mittel einsetzte, um damit zu einem größeren Ziel zu gelangen.

Wenn sich nur mein Esel finden ließe...

Schließlich galt meiner immer noch als vermisst.

Ich hatte mir Sorgen gemacht, als Flash damals als herumstreunender Esel in unser Leben trat. Und nun sah es so aus, als habe er uns auf dieselbe Weise verlassen. Ich mochte die furchtbare Ironie der Situation nicht. Nicht nach allem, was wir miteinander erlebt hatten.

Ich musste an seine Ohren denken – diese wunderschönen Ohren. Und daran, wie er seine Nüstern blähte, wenn er sich über ein Leckerchen freute. Ich dachte an sein verrücktes *Iahiah*, das dieser Tage weniger zu hören war und das letzten Endes doch liebenswert war. Ich liebte es, wie er sich manchmal vor Freude aufbäumte, wenn wir ihn zum Abendessen riefen. Er liebte es, mir auf meinen Trainingsrunden rund um die Weide zu folgen.

Ich würde ihn so schrecklich vermissen, sollte er wirklich nicht zurückkehren. In meinem Kopf spielte bereits eine Platte mit allen wichtigen Momenten in Flashs Leben, begleitet von der Melodie „*Time of your life*".

Und ich fing an, mich an einzelne Geschichten mit ihm zu erinnern.

Wie damals, als Flash plötzlich mit einem neuen Haarschnitt auftauchte. Einem *Haarschnitt*! Irgendwie hatte sich seine Mähne in eine unregelmäßige Irokesenfrisur verwandelt. Eines Tages kam er mit jener neuen Frisur einfach so durchs Gatter. Wir hatten keine Ahnung, wie das passiert war. Noch weniger konnten wir uns vorstellen, jemand wäre mit einer Schere auf unsere Weide geschlichen, um die Mähne unseres Esels zu bearbeiten. *Warum?* Warum sollte jemand unserem Flash einen *stacheligen Pony* verpassen?

Wir gingen in Gedanken alle möglichen Szenarien und Verdächtigen durch. Bridgette und Steve waren damals, soweit wir wussten, auf Reisen. Wir schlossen sie sofort aus, obschon eine neue Frisur für eine Südstaatenfrau sicherlich ausreichend Motivation gewesen wäre.

Das einzige andere angrenzende Anwesen war die Weide mit Flashs Freundin, der Stute, und dem Maultierfohlen. Vielleicht hatte der Eigentümer der Stute, der monatelang mit angesehen hatte, wie die hübsche kleine Stute anschwoll, einen Groll gehegt, der ihn dazu getrieben hatte, eines Tages in einem Akt der Wut an Flashs Mähne herumzuschneiden. Sozusagen als subtile, aber kraftvolle Botschaft: „Ich behalte euch im Auge." Es schien eine merkwürdige Art zu sein, eine Botschaft zu vermitteln, aber man weiß nie. Aber er hätte uns ja auch einfach anrufen können. Schließlich stehen wir im Telefonbuch.

Vielleicht war aber auch ein mit einer Schere bewaffneter Jugendlicher vorbeigekommen, der jenseits des Zauns ein glückloses Opfer entdeckt und beschlossen hatte: „Warum nicht?" Vielleicht hatte er sich so einen lang gehegten Traum erfüllt, als er Flashs Mähne in eine Stachelfrisur verwandelte. So was passiert.

Oder hatte Flash selbst jemanden angeheuert, der ihm einen „großstädtischen" Look verpassen sollte? War er sein Hipsterhaar leid und hatte gesagt: „Ich kann mich nicht erinnern, wann man mir zuletzt die Haare geschnitten hat. Aber die langen Haare sind einfach nicht mehr cool, ich hätte gern den Look, der gerade angesagt ist"? Das war möglicherweise eine plausible Erklärung, wenn man bedachte, wie sehr er Karohosen und Vinylschallplatten mochte.

Oder könnten es Außerirdische gewesen sein? Nein. Ganz sicher nicht.

Es war wie eine Folge von *Ungelöste Geheimnisse*.

Wochenlang zerrten wir jeden Besucher auf die Koppel, um Flashs lustige Frisur zu präsentieren. Wir spekulierten und lachten bei dem Gedanken, dass vielleicht irgendjemand nichts Besseres zu tun gehabt hatte, als Flashs Mähne zu trimmen und dann zu „vergessen", uns davon zu erzählen. Aber es *musste* eine Erklärung geben!

Ein paar Monate später, als Bridgette und Steve von ihrer langen Reise zurückkehrten und wir uns darüber austauschten, was alles während ihrer Abwesenheit passiert war, gelang es mir, beiläufig die Frage zu stellen: „Sagt mal, wisst ihr etwas über Flashs Haarschnitt?" Und tatsächlich, sie wussten darüber Bescheid.

Bridgettes Sohn Heath hatte sie kurz vor ihrer Abreise besucht und war zu Flash hinübergeschlendert, um ihn zu streicheln. Flash hatte sich zu dem Zeitpunkt an einer Stelle gewälzt, wo Frässtifte lagen, sodass sich seine Mähne damit verfilzt hatte. Heath hatte helfen wollen und die Frässtifte herausgeschnitten... und dann vergessen, uns darüber zu informieren.

Das Rätsel um den mysteriösen Friseur war gelöst.

Doch dies war nicht das einzige Rätsel, das Flash uns aufgegeben hatte. Da gab es noch das „Wunder des blauen Hufes". Das war damals, als...

Rrrrring!

In dem Moment klingelte mein Handy. Es war der Sheriff, der Neuigkeiten für mich hatte. „Tatsächlich? Erzählen Sie!" Jemand hatte einen herrenlosen Esel gefunden und ihn aus Sicherheitsgründen auf seine Koppel geführt. *Konnte das etwa Flash sein? Er musste es sein. Bitte, Gott, lass es Flash sein.* Das Anwesen befand sich in etwa anderthalb Kilometer Entfernung. Man musste unsere kurvenreiche Straße hinunter und durch den Wald fahren, über eine einspurige Brücke und vorbei an einer Reihe von Grundstücken.

Ich stellte mir vor, wie Flash diesen Weg entlanggeschlendert war, immer auf der Suche nach dem nächsten köstlichen Grasbüschel, ohne zu bemerken, dass er sich immer weiter von zu Hause entfernte. Ich sah ihn im Geiste vor mir, wie er aufsah und seine Umgebung nicht mehr erkannte. Wie ängstlich und einsam musste er sich gefühlt haben! Mein lieber Flash. Ich spürte einen Hoffnungsschimmer, als ich meine Schuhe band und die Autoschlüssel holte.

Der Sheriff traf Tom und mich vor Ort und nickte uns mit einem „Sie schon wieder"-Kopfnicken grüßend zu. Ich bemerkte, dass er ein Klemmbrett in seiner Hand hielt und sich Notizen machte. Im Stillen beschwor ich Flash – wenn es denn Flash war –, sich in Gegenwart des Gesetzes anständig zu benehmen. Ich wollte um keinen Preis, dass sein Fahndungsfoto eines Tages am Schwarzen Brett des örtlichen Gemischtwarenladens hing.

Der Sheriff begleitete uns ums Haus herum zur Koppel, damit wir sehen konnten, ob jener Streuner unser Esel war. Meine Beine fühlten sich wie Pudding an und mein Atem stockte.

Flash!

Er war es!

Sein Kopf hing über dem Gatter, und er sah uns mit vorgestreckten Ohren geradewegs in die Augen, so als hätte er die ganze Zeit auf uns gewartet. Erleichterung überflutete mich, während ich jedes Detail seines Anblicks genoss.

„Ist das Ihr Tier?", fragte der Beamte.

„Ja", erwiderten wir einstimmig und streckten den Arm über das Gatter, um das weiße Maul unseres Esels zu streicheln. „Ja, das ist Flash. Das ist unser Esel." Flash drückte sich an uns und schloss die Augen. Offensichtlich war er glücklich, uns zu sehen.

„Nun, was für einen Esel haben Sie denn da!" Der Sheriff lächelte und steckte den Stift in seine Hosentasche. „Den Rest überlasse ich Ihnen." Er machte auf dem Absatz kehrt, um fortzugehen, hielt dann aber doch inne und drehte sich zu uns um. „Die meisten Streuner hier in der Gegend haben niemanden, der nach ihnen sucht. Ich bin froh, dass dieser Kerl hier ein gutes Zuhause hat."

„Er gehört zur Familie", erwiderte Tom. „Ich hätte nie gedacht, dass wir einen Esel so sehr lieben könnten, aber er ist wirklich etwas Besonderes." Er holte das Halfter und das Seil hervor, während ich meine Arme um Flashs Nacken schlang und ihn fest drückte. Ich liebte seinen Geruch – eine Mischung aus Staub, Gras, Schweiß und Freundlichkeit.

Der Sheriff tippte sich an den Hut und ließ uns mit der Aufgabe allein, Flash nach Hause zu führen. Vielleicht würde er dieses Mal bereitwillig mitkommen.

Oder nicht.

Ich fragte mich, wie Saul vorhatte, mit einem einzigen Helfer eine ganze Gruppe von streunenden Eseln nach Hause zu führen. Schließlich schafften Tom und ich es nicht einmal, einen *einzigen* Esel sechs Meter von der Stelle zu bewegen. Flash weigerte sich, mit uns zu gehen. Vielleicht zog er für die Pferde auf dem Anwesen eine Show ab und versuchte, sie mit seiner Widerstandskraft zu beeindrucken. Vielleicht hatte er aber auch noch nicht genug von seinem Abenteuer. Wie auch immer. Jedenfalls waren wir nach einer Stunde Schmeicheln, Haferanbieten und Auf-seine-Entscheidung-Warten nur einen Steinwurf weit gekommen. Die Sonne begann zu sinken, und Flash hatte es nicht eilig zu kooperieren, obwohl er einmal mehr gerettet worden war.

„Dein Esel braucht eine Dressurschule, um Gehorsam zu lernen", sagte Tom, während er das Führungsseil in seinen Händen nachfasste.

„Verstanden." Ich rollte mit den Augen, während ich von hinten schob. Sollten wir es schaffen, Flash nach Hause zu bekommen, würde ich mich direkt darum kümmern. Offensichtlich hatten wir noch etwas Unterstützung nötig.

Der Besitzer des Anwesens sah unser Dilemma und schlug uns vor, seinen Pferdeanhänger zu benutzen. Langsam schoben wir Flash hinein, dann war es geschafft. Wir fuhren nach Hause, und als wir auf die Koppel einbogen und Flash ausluden, fühlten wir tiefe Dankbarkeit. Tom hatte recht. Flash war nicht mehr einfach bloß „ein Esel" für uns. Er gehörte zur Familie. Er gehörte zu uns. Und er war ein Zeichen. Okay, vielleicht nicht ein Zeichen, aber eine *Erinnerung*, denn er erinnerte uns an Gottes Fürsorge und Zuwendung.

Ich sah, wie Flash stehen blieb und den Anblick der ihm vertrauten Koppel in sich aufnahm. Er atmete tief durch und schnüffelte an den Wildblumen. Er knabberte an den zarten Grasprösslingen, die aus dem feuchten Boden aufschossen. Er seufzte tief, wenn seine Lippen das nächste Büschel fanden. Trotz seines Sträubens, mit uns zu gehen, war Flash froh, wieder dort zu sein, wo er hingehörte. Wieder sicher unter unserer Obhut. Ich blieb in seiner Nähe und hob die Hände für ein Dankgebet.

Dann fiel mir etwas auf: Wie oft hatte ich hier auf diesem Feld gestanden und mit Gott gesprochen? Wie oft hatte ich ihn um Hilfe gebeten? Wie oft hatte ich in den Himmel hochgeschaut und um ein Zeichen gebetet? Wie oft hatte ich in der Bibel nach einer Antwort gesucht, die meine derzeitigen Bedürfnisse befriedigen sollte? Und wie oft hatte Gott meinen Blick auf diesen Esel gelenkt und mir ein Bild von seiner Gnade, Liebe und Führung geschenkt? Dieser dahergelaufene Esel hatte mich unzählige Male in die Begegnung mit Gott geführt.

Das hatte mich verändert. Mein Herz war erneuert worden. Und mein Leben hatte sich verändert.

Ich schloss einen Moment lang die Augen und dachte über Saul und die Geschichte nach, wie ein Eselproblem ihn in seine Bestimmung geführt hatte. Und ich dachte über all die „Eselprobleme" in meinem Leben nach. An all die Male, wo ich dachte, *wenn ich doch nur wüsste, was ich gut kann,* oder *wenn ich doch nur jene Beziehung ändern könnte* oder *wenn ich doch nur einen Haufen Geld verdienen könnte.*

Mir wurde auf einmal bewusst, wie oft ich den Fehler gemacht hatte zu glauben, dass sich alles nur um das Lösen von Problemen drehte. *Wenn ich doch nur jene Esel finden könnte, wenn ich doch nur dieses Problem lösen, diese Schwierigkeit überstehen könnte, dann wäre alles in Ordnung. Dann könnte ich wieder zu meinem normalen Leben zurückkehren und vergnügt bis an das Ende meiner Tage leben.*

Vielleicht tun wir das alle. Wir schlendern bildlich gesprochen durch die Landschaft und versuchen, unsere Eselprobleme zu lösen. Unsere finanziellen Engpässe. Unsere schwierige Ehe. Unsere Erziehungsprobleme. Unseren nervtötenden Job. Unsere problematischen Beziehungen. Unsere angeschlagene Gesundheit.

Unsere Unsicherheit, Ängste und Zweifel. Wir beginnen zu glauben, wir befänden uns auf einer ausweglosen Mission, und es ist kein Ende in Sicht. Wir haben das Gefühl, versagt zu haben. Wir glauben, dass wir unbedeutend sind. Und wir meinen, Gott würde uns nicht sehen oder bemerken, worüber wir letztlich frustriert sind.

Doch was wir nicht begreifen, ist: Noch während wir mitten da draußen im Nirgendwo stecken – so wie Saul in der Geschichte –, hat Gott bereits zu wirken begonnen. Denn das Nirgendwo ist genau der Ort, an dem wir sein sollen.

Ich begann zu verstehen, dass all unsere Eselprobleme, unsere schwierigen Situationen, genau die Dinge sind, die Gott nutzt, um uns an den Ort der Begegnung zu führen. An den Ort, wo unsere Herzen erneuert werden. Wie Saul sind wir an den Punkt gelangt, an dem wir nicht mehr wussten, was wir tun sollten und aufgegeben haben. Und dann haben wir es doch noch einmal probiert – und *zack*: *Gott tritt auf den Plan.* Er begegnet uns, wenn wir unsere Komfortzone verlassen, all unsere Ressourcen aufgebraucht und keine Hoffnung mehr haben.

Genau an dem Ort begegnet er uns. Genau dort ist er mir schon so oft begegnet. Und plötzlich wusste ich, dass Gott mich *durch* meine Umstände verändert hatte. Ich hatte mich von einer blauäugigen Träumerin zu einer klügeren, reiferen Frau entwickelt, die nicht vor harter Arbeit und aufkommenden Hindernissen zurückschreckt. Früher hatte ich Angst zu versagen, heute aber vertraue ich Gottes Gnade. Früher las ich von Gottes Kraft in Schwachheit, heute aber bin ich jemand, der diese aus erster Hand erfährt. Früher hasste ich Schwierigkeiten, heute akzeptiere ich sie als Lektionen, an denen ich wachsen kann. Alle Situationen, die ich zu lösen versucht habe, waren nichts anderes als Mittel in Gottes Hand, um mich dahin zu bringen, wo er mich haben wollte.

Ich stützte mich auf Flashs Schultern und legte mein Kinn auf meine überkreuzten Arme. „Hey, Esel-Kumpel. Mein Flash."

Er hob den Kopf und drehte ihn zu mir, um mir zuzustimmen, während seine langen Ohren beim Klang meines Flüsterns herumschwangen. Die sinkende Sonne ließ seine Augen warm und verständnisvoll aussehen, während ich sein weiches, braunes Fell streichelte und mit dem Finger das dunkle Kreuz auf seinem Rücken nachzeichnete. Seine Mähne wehte im Wind, und das struppige, mehrfarbige Haar kitzelte meinen Arm, als ich noch einmal seinen Nacken umfasste. Flash stieß zufrieden ein *Pffft* aus.

Es geht nicht um verlorene Esel. Es geht immer um eine Herzensveränderung. Es geht um eine Verwandlung im Innern. Und darum, dass Gott auf den Plan tritt und uns erneuert.

••

Im Leben geht es nicht darum, Probleme zu lösen.
Es geht darum, verändert zu werden.

••

13.

Eine unerwartete Antwort

Wir hätten Flash beinahe verloren – jenen Esel, der als streunende Ablenkung in unser geschäftiges, überlastetes Leben getreten war.

Ich bin so froh, dass er wieder zu Hause ist!

Ich spürte die Dankbarkeit bis in die Zehenspitzen und überprüfte nun jedes Mal sorgfältig, ob das Gatter geschlossen und die Kette angebracht war. Flash hatte jede meiner Bewegungen beobachtet, seit wir zurückgekehrt waren, und nun schob er seinen Kopf über die oberste Sprosse des Gatters, um einen Abschiedskuss zu bekommen. Ich musste lachen, wie er seine Unterlippe seitlich verschob, während er den Kopf auf das Gatter lehnte und mir jenen unwiderstehlichen Eselblick schenkte. Sie wissen schon, dieser Blick, der noch ein wenig mehr Aufmerksamkeit möchte, vielleicht sogar noch ein letztes Leckerchen.

„Ist ja gut, Kumpel." Ich lehnte mich nach vorn, drückte meine Lippen auf sein weiches Maul und tätschelte den süßen Fleck auf seiner Nase. „Geh jetzt." Er hob den Kopf und hielt inne, seine Ohren in meine Richtung gestellt, falls ich meine Meinung doch noch ändern und bleiben sollte. Dann wedelte er mit dem Schwanz und schlenderte in Richtung Wald.

Zurück im Haus ging ich direkt in mein Büro. Ich nahm den letzten Stapel der *„Esel entlaufen"*-Flugblätter, knüllte sie zusammen und warf sie in den Papierkorb. Dann knotete ich den Papierabfallsack zusammen und fuhr mit ihm ans Ende unserer Zufahrt, obwohl die Müllabfuhr erst am nächsten Tag kommen würde. Doch ich wollte nichts mehr im Haus haben, das mich daran erinnerte, wie nahe wir daran gewesen waren, unser vierbeiniges Familienmitglied zu verlieren.

Ich stieg aus dem Wagen, stellte den Sack an den Straßenrand und rieb mir feierlich die Hände. *Geschafft!* Doch als ich mich wieder in den Wagen setzte, überkam mich ein Gedanke. Ich knotete den Müllsack wieder auf und zog ein zerknittertes Flugblatt heraus. Ich glättete es auf meinem Bein. Vielleicht sollte ich doch eines als Erinnerung aufbewahren. Ich hielt das Flugblatt in der Hand, während ich mich hinters Lenkrad setzte und beinahe an dem selben Platz anhielt, wo Flash damals in der ersten Nacht aufgetaucht war.

Was für eine Reise hatten wir seitdem gemeinsam zurückgelegt!

Es begann zu dämmern, und während ich durch die Windschutzscheibe auf den schlammigen Zufahrtsweg sah, musste ich an jene kalte und holperige Heimfahrt zurückdenken, als wir von einem Job zurückkehrten, der zur Begleichung unserer Rechnungen nicht ausreichte. Damals wollte ich nur noch eine heiße Dusche und das Ende all unserer Schwierigkeiten. Mein Herz war schwer. Ich war zu müde, um zu beten, aber Gott hatte mich dennoch gehört.

Dort, im Lichtkegel unserer Schweinwerfer, stand ein schäbiger Esel.

Er sah uns an und wir starrten zurück. Der Staub wirbelte um seine Hufe wie Nebel in einer Bühnenshow. Aus seinem Maul hing Gras heraus und er schluckte schwer.

Dieser Esel sah nicht wie ein Wunder, eher nach einer Menge Ärger aus.

Es wäre die einfachste Sache der Welt gewesen, ihn einfach zu ignorieren. Tom und ich waren müde und entmutigt. Wir sprachen nicht miteinander. Wir wollten einfach nur den Tag hinter uns lassen. Und wir hatten allen Grund, einfach an dem Esel vorbeizufahren und uns schlafen zu legen. Hätten wir das getan, hätte ich wohl nie über die zufällige Begegnung mit einem unbedeutenden Tier auf der Straße nachgedacht. „Uh, ein Esel. Das war wirklich sonderbar." Er wäre bloß eine Randbemerkung einer Erzählung über einen schrecklichen Tag gewesen.

Doch Tom hatte bereits seinen Gurt gelöst und die Wagentür geöffnet. Und mit einem müden Seufzen und der Entscheidung auszusteigen hatte sich alles verändert.

Wir dachten damals, wir würden einen Esel retten. Doch in Wahrheit hat Gott uns diesen verlorenen Esel geschickt, um *uns* zu retten.

Wir waren diejenigen, die Hilfe brauchten. Wir waren diejenigen, die die Gewissheit brauchten, nicht allein zu sein. Dass Gott uns nicht vergessen hatte. Dass er einen Plan für uns hatte. Dass wir ihm wichtig waren.

Wir mussten erfahren, dass Gott mit uns war und dass wir uns immer noch auf ihn verlassen konnten. Wir brauchten die Gewissheit, dass er etwas Gutes geschehen lassen konnte und dass er immer noch zu ganz gewöhnlichen Leuten sprechen konnte.

Also stellte er einen Esel auf unsere Zufahrt.

Und wir hätten an dem Tier vorbeifahren können.

Doch dann hätten wir das verpasst, was wir am meisten brauchten!

Wir konnten nicht ahnen, dass die Antwort auf unsere Gebete in einer so unerwarteten, unvorstellbaren „Verpackung" kommen würde. Doch, ist es nicht Gottes Art, uns etwas Erstaunliches, etwas Erzählenswertes, etwas beinahe Zauberhaftes zu bescheren, um uns staunen zu lassen? So hatte ich mir das jedenfalls immer vorgestellt. Aber ein Tier mit langen Ohren, einem riesigen Kopf, großen Zähnen und einem lauten *Iah*? – Wohl kaum. Doch Gott hat Humor. Er wusste, dass gerade ein widerspenstiger, verlorener Esel nötig war, um seine Botschaft widerspenstigen, verlorenen Leuten wie uns deutlich zu machen.

Er gab uns Flash. Durch sein Beispiel lernten wir, mitten in unseren Umständen ein erfülltes Leben zu führen, voller Dankbarkeit und Freude. Er erinnerte uns daran, dass wir Zäune überwinden sollen, um unsere Leidenschaft zu entdecken, und wir lernten, mit Pferden zu laufen und Erfüllung im Dienst für andere zu finden. Er lehrte uns, unser Herz auf der Zunge zu tragen und uns der Welt um uns herum zu öffnen. Er lehrte uns, keine Angst vor Veränderungen zu haben und die Vergangenheit loszulassen, um neue Möglichkeiten zu ergreifen. Seine Trampelpfade zeigten uns, dass unser mühseliges Vortasten tatsächlich irgendwohin führt. Und er lehrte uns, aus den Tagen, die uns geschenkt werden, das Beste herauszuholen. Lauter unschätzbar wertvolle Lektionen.

Flash lehrte uns auf seine eigene, unnachahmliche Weise, wie Gott mit uns Menschen umgeht. Und ich erkannte, wie Gott alltägliche Dinge nutzt, um uns geistliche Wahrheiten zu verdeutlichen und uns ganz nah zu sich zu ziehen. Ich glaube, ich hatte das vergessen. Gottes Stimme kann man hören beim Autofahren an der Ampel, beim Einkaufen im Supermarkt, beim Spaziergang im Park und beim Geplauder am Abendbrottisch. Er spricht zu uns, während wir uns um die Wäsche und den Abwasch kümmern, die Haushaltskasse prüfen und Gutenachtgeschichten vorlesen.

Hören Sie ihn?

Gott ist zugegen, wenn wir ganz normalen Leuten begegnen. Seine Gegenwart ist uns näher, als wir es uns vorstellen können. Seine Hand ist nie weit von uns entfernt, und sein Geist begleitet uns, während wir unsere täglichen Aufgaben verrichten.

Manchmal müssen wir einfach nur darauf achtgeben.

Hinhören. Beobachten. Still sein.

Unseren Gurt abschnallen und aus dem Auto steigen, wenn wir lieber weiterfahren würden. – Das hat uns ein streunender Esel beigebracht.

Doch das Allerwichtigste: Flash hat uns an Gottes grenzenlose, unermessliche Liebe erinnert. Er hat uns daran erinnert, dass Gott wertlose, unwürdige, widerspenstige Menschen nimmt und sein Herz an sie hängt. An *uns*. An Sie und mich. Seine Liebe macht uns wertvoll, würdig und schön. Er heilt unsere Wunden, sorgt für unsere Bedürfnisse und gibt uns mehr, als wir von ihm erbitten könnten.

Wir sind sein.

Wir gehören zu ihm.

Er nennt uns beim Namen und führt uns sicher nach Hause.

Gott sorgt für uns

"Ein Buch, welches man ungern aus der Hand legt. Viel Tiefgang, oft eindrücklich aber unaufdringlich. Klare Empfehlung für Pferde-Liebhaber und Erfahrungsberichte-Leser."

Leserstimme

Eine Verletzung sorgt für das vorzeitige Karriereaus für Sportpferd Joey. Schließlich kommt der Hengst verwahrlost, verängstigt und blind auf der Pferderanch *Hope Reins* an, die sich auf die Arbeit mit traumatisierten Kindern spezialisiert hat. Hier blüht das geschundene Pferd auf und bewirkt Veränderungen, die so manches Mal an ein Wunder grenzen …

Eine wahre und zutiefst bewegende Geschichte über Treue, Freundschaft und Heilung, die aufzeigt, dass Gott ein Herz für die Zerbrochenen hat. Und dass es sich lohnt, ihm zu vertrauen und voller Zuversicht weiterzugehen.

Jennifer Marshall Bleakley • Joey – Wie ein blindes Pferd uns Wunder sehen ließ
Klappenbroschur • 272 Seiten • ISBN 978-3-95734-657-5
Auch als E-Book erhältlich unter: 978-3-96122-448-7

Ein Pferd berührt Herzen und verändert Leben

„*Danke für dieses wunderbare Buch. Prallvoll mit allen Facetten des Lebens. Und ganz wichtig: Es ist nicht nur für Pferdefans.*"

Leserstimme

Eigentlich ist Jodi Stuber nicht auf der Suche nach einem weiteren Therapiepferd für ihre *HopeWell-Ranch*. Doch dann erfährt sie von Solomons Schicksal: Der Wallach ist als Einziger seiner Herde übrig geblieben und verkümmert zusehends. Jodi beschließt, ihn aus seiner Einsamkeit herauszuholen. Nicht zuletzt, da sie selbst nur allzu vertraut ist mit dem Gefühl von Verlust und Trauer.

Während Solomon sich schwertut, in der neuen Herde Anschluss zu finden, kämpft Jodi darum, einen Weg aus ihrer eigenen Trauer zu finden. Doch letzten Endes gelingt es Solomon, Jodi eine wichtige Lektion über Echtheit, Opferbereitschaft und Vertrauen zu lehren.

Eine zutiefst bewegende wahre Geschichte mit der Botschaft: Gott sieht dich.

 Jodi Stuber / Jennifer Marshall Bleakley • Solomon
Klappenbroschur • 304 Seiten • ISBN 978-3-95734-973-6
Auch als E-Book erhältlich unter: 978-3-96122-605-4

Vom Rhythmus der Jahreszeiten lernen

„Hier ist jeder Satz ein Treffer. Ich habe innerlich andauernd gesagt: Wie wahr! So viel Weisheit verbunden mit dem natürlichen Rhythmus der Jahreszeiten. Ein Must-read."

Martin Steiert, Verlagsvertretung

Einerseits sehnen wir uns danach, dem hohen Tempo des Alltags zu entkommen, andererseits ist da auch die Sorge, etwas zu verpassen. Was tun? Dieses inspirierende Buch weist den Weg zu einem entschleunigten Leben, indem es dich zurück zum Rhythmus der Jahreszeiten führt und einlädt, bei Gott anzukommen. Durch das Leben auf ihrer Farm hat Jennifer Dukes Lee gelernt, wie wichtig es ist, die kleinen Dinge zu schätzen, die bereits Früchte tragen. Lass dich mitnehmen auf eine Reise zu der Ruhe und Kraft, die darin liegt.

Jennifer Dukes Lee • In der Ruhe liegt die Kraft
Gebunden • 288 Seiten • ISBN 978-3-95734-943-9
Auch als E-Book erhältlich unter: 978-3-96122-609-2